安徽省中等职业教育“十四五”规划教材
职业教育产教融合立体化实训教材

职业素养专题教育

主　编　尹成新　朱华炳　田　力
副主编　胡振义　李　涛　张　茹

合肥工業大學出版社

内 容 简 介

“职业素养专题教育”课程旨在提升个人在职场中所需的核心能力与综合素质。本教材围绕职业素养培育、职业发展沿革、职业品质与职业能力的培养以及职业规划的制定等核心议题，通过典型案例研讨、课堂课后微体验互动实践等形式，引导学生从理论到实践，深入探究职业素养的内涵与外延。它不仅关注专业技能的培养，而且注重塑造学生的职业品质、团队协作、沟通表达、时间管理、自我提升等多方面能力，帮助学生更好地适应职场需求，全面提升自身的职业竞争力。

通过本教材的学习，学生将能够制定清晰的职业规划与目标，明确个人职业发展方向；培养良好的职业道德，成为值得信赖的职场人；掌握关键职业技能，提升工作效率；增强心理调适能力，适应职场变化；为职业发展奠定坚实基础，在职场上脱颖而出。

图书在版编目(CIP)数据

职业素养专题教育/尹成新，朱华炳，田力主编. 合肥：合肥工业大学出版社，2025. -- ISBN 978-7-5650-6644-3

Ⅰ. B822.9

中国国家版本馆CIP数据核字第20257574XN号

职业素养专题教育

尹成新 朱华炳 田 力 主编　　责任编辑 袁 媛 郑 洁

出 版	合肥工业大学出版社	版 次	2025年8月第1版
地 址	合肥市屯溪路193号	印 次	2025年8月第1次印刷
邮 编	230009	开 本	787毫米×1092毫米 1/16
电 话	职业教育出版中心：0551－62903120	印 张	13.25
	营销与储运管理中心：0551－62903198	字 数	243千字
网 址	press.hfut.edu.cn	印 刷	安徽联众印刷有限公司
E-mail	hfutpress@163.com	发 行	全国新华书店

ISBN 978-7-5650-6644-3　　定价：48.00元

编委会

主　编　尹成新　朱华炳　田　力

副主编　胡振义　李　涛　张　茹

参　编　高　艳　种雪剑　张奇祥

耿　科

前　言

2019年8月，习近平总书记来到甘肃省张掖市山丹县，考察山丹培黎学校时指出："实体经济是我国经济的重要支撑，做强实体经济需要大量技能型人才，需要大力弘扬工匠精神，发展职业教育前景广阔、大有可为。"新时代以来，我国职业教育在守正创新中实现了新的历史跨越，由原来参照普通教育办学向相对独立的教育类型转变，进入了提质培优、增值赋能的新阶段。职业教育作为教育体系中的重要组成部分，承担着为社会培养高素质技能型人才的重任。中职教育作为连接教育与产业的桥梁，必须紧跟时代步伐，不断调整和完善人才培养模式，特别是要加强职业素养教育，帮助学生树立正确的职业观念，培养良好的职业道德，提升职业技能和团队协作能力，以适应未来职场的挑战。因此，编写一本科学、系统、实用的中职职业素养专题教育教材，显得尤为重要和迫切。

本教材以习近平新时代中国特色社会主义思想为指导，深入贯彻落实党的二十大精神、习近平总书记关于职业教育工作和教材建设工作的重要指示批示精神，全面贯彻党的教育方针，落实立德树人根本任务，彰显职业教育类型特色，坚持"守正创新、质量为先、统分结合、实用配套、突出重点、动态更新"原则，在严格落实教育部《"十四五"职业教育规划教材建设实施方案》和《安徽省教育厅关于开展"十四五"职业教育规划教材立项建设的通知》要求的基础上，为完善教材规划建设机制，力求体现安徽省域特色，高标准建成安徽特色高质量职业教育教材体系贡献力量。

本教材旨在全面深入地介绍职业素养、职业技能、求职创业等方面的知识，以进一步提高学生的职业技能和职业素养，为成为合格的“职业人”打好基础。其特点主要体现在以下几个方面：一是理论与实践相结合，在理论讲授的基础上，融入丰富的案例分析、情境模拟、课堂微实践等环节，增强学生的实际分析能力和解决问题能力；二是注重学生的全面发展，不仅关注职业技能的提升，更重视学生的心理健康、人文素养、社会责任感等方面的教育，促进学生全面发展；三是强化创新能力的培养，鼓励学生探索未知，敢于质疑，培养创新意识和创业精神，为职业生涯的长远发展注入活力；四是以市场需求为导向，建立教材内容定期评估与更新机制，确保教材紧跟时代步伐，保证前瞻性和实用性。

本教材共分六章，包括职业道德、职业态度、职业技能、团队合作、创新思维、自我管理等关键要素，旨在通过系统化的理论学习与实践指导，帮助学生构建全面的职业素养框架，为学生顺利过渡到职场生活奠定坚实基础。其中，第一章从职业素养的内涵与内容、职业素养的养成等方面对中职生职业素养的要求进行阐述；第二章帮助中职生掌握职业的基本知识，根据自身的条件和特点选择职业岗位，发挥自己的才能，实现自己的人生价值；第三章从爱岗敬业、积极主动、吃苦耐劳、责任意识和品格训练五个方面对中职生职业品质展开介绍；第四章通过职业能力培养，提升个人在职场中所需的各种知识、技能和素质；第五章对中职生职业规划的内容、原则和意义等方面展开介绍；第六章介绍主题活动的内容，通过模拟职场情境，让学生在接近真实的工作环境中学习和体验，增强学习的趣味性和实效性。

本教材是安徽省“十四五”中等职业教育规划教材首批立项建设的教材。主要由中职一线教师根据教学实际和学生学情，在专家指导和社会各界的共同努力下编写而成。主编由尹成新、朱华炳、田力担任。编写人员具体分工如下：第一章（尹成新、田力），第二章（张茹），第三章（高艳），第四章（张茹），第五章（高艳），第六章第一节（胡振义）、第二节（尹成新）、第三节（朱华炳）、第四节（李涛）、第五节（张茹）、第六节（张奇祥）、第七节和第八节（种雪剑）、第九节（李涛）、第十节（耿科）。合肥工业大学朱华炳教授全程指导编写并多次审阅了书稿，对本书的编写工作提出了很多宝贵的建议；合肥工业大学出版社对本书的编写、出版给予了大力支持，袁媛、郑洁等同志都为本书的出版付出了大量的劳动；另外，江苏英飒美容有限公司的张想龙、安徽指上云帆文化创意有限公司的张磊、宿州市四联机械股份有限公司的陈泽天和灵璧华桐酒店管理有限公司的陶名义等企业管理人员也为本书的编写提供了诸多帮助，在此一并感谢！我们期待通过本教材的推广使用，能够有效提升中职生的职业素养，为他们开启成功的职业生涯之门，同时也为推动我国职业教育的高质量发展贡献一份力量。

在教材编写的过程中，编者参阅并借鉴了有关专家学者的论著，在此表示诚挚的感谢！由于时间仓促、水平有限，书中难免有疏漏之处，恳请广大读者批评指正！

编　者

2025年4月

目录

4

职业能力

5

职业规划

6

主题活动

1

职业素养概述

第一章

引　言

素养是素质和修养的总称，是一个人品质与能力的综合体现。素质通常指一个人的气质、性格、毅力、爱好、意志、气度等方面；修养则通常指一个人在政治、思想、作风、知识、技能等方面通过长期学习与实践所达到的水平。具备一定的职业素养，是个人在职业发展过程中积累的基础，也是基本要求。这对于当今社会中个人的成长与发展尤为重要。党的二十大报告指出："青年强，则国家强。……广大青年要坚定不移听党话、跟党走，怀抱梦想又脚踏实地，敢想敢为又善作善成，立志做有理想、敢担当、能吃苦、肯奋斗的新时代好青年，让青春在全面建设社会主义现代化国家的火热实践中绽放绚丽之花。"在中华民族伟大复兴的新征程中，青年是不可或缺的先锋力量，而中职生作为青年群体的重要组成部分，其职业素养的提升显得尤为迫切。

本章将从以下几个方面展开阐述：职业素养的内涵与内容、职业素养的养成路径，以及新时代新征程对中职生职业素养的具体要求。

阅读与思考

老木匠的房子

有一位技艺高超的老木匠，他告诉老板，自己年事已高，想要退休，回家与妻子儿女共享天伦之乐。老板实在舍不得这样优秀的木匠离去，再三挽留，但老木匠去意已决，老板只能同意。最后，老板向他提出一个请求，希望他能在离开前建一栋具有个人风格的房子，老木匠答应了。

在建房的过程中，老木匠竭尽全力，带着不舍的情感，尽可能地展现精湛的技艺。房子落成时，老板将大门的钥匙交给这位木匠，说："这就是你的房子，是我送给你的礼物。"木匠非常惊讶！他全力以赴建造的房子，竟然是自己的家！原来，他始终如一、善始善终地工作，实际上是在为自己建造房子！

老木匠的故事告诉我们一个简单的道理：无论从事哪个行业、担任什么职务，都应该用辛勤的劳动和端正的工作态度来践行始终如一、善始善终的职业素养。"如果你是一滴水，你是否滋润了一寸土地？如果你是一线阳光，你是否照亮了一分黑暗？如果你是一粒粮食，你是否哺育了生命？如果你是一颗小小的螺丝钉，你是否始终坚守在你的岗位上？"

作为一名学生，职业素养体现在学习、技能及生活等各个方面。如果用职业素养的标准来衡量你现在的学习与生活，你是否能达标呢？

思政导学

职业人的三重境界：干一行爱一行、干一行钻一行、干一行精一行。

第一节 职业素养的内涵

一、职业人

所谓职业人，是指参与社会分工，具备较丰富的专业知识、较强的技能和较高的素质，并能够通过为社会创造物质财富和精神财富而获得合理报酬，在满足自我精神需求和物质需求的同时，实现自我价值的特定群体。

职业人必须爱岗敬业，而爱岗敬业是有层次的。爱岗敬业可分为四个层次：

第一个层次，为了谋生而爱岗敬业。从某种意义上说，这个层次的爱岗敬业是被动的，但却是高度爱岗敬业的基础，这主要是由职业的竞争性决定的。从职业意识到职业对于生存的意义和当代社会职业竞争的残酷现实来看，我们不得不珍惜已有的工作岗位，尽管这个工作岗位或许并不适合自己。在现实生活中，这个层次的从业者占大多数。

第二个层次，为了责任而爱岗敬业。这种责任感首先表现为对自我的责任、对家庭的责任，其次是对社会的责任。我们强调社会责任，这当然值得提倡，但自我责任感强的人往往社会责任感也更强。从心理学的角度看，个人只有对自己负责，才能对社会负责。在自我责任感支配下的爱岗敬业，虽然也有被动的成分，但主动的成分更多一些。

第三个层次，为了地位而爱岗敬业。追求社会地位是从业者爱岗敬业的动力之一，虽然主观上是为了满足个人的需要，但客观上必须具备出众的能力，能够为企业做出突出贡献。因此，企业也会采取措施来激励员工，给予其一定的地位，赋予其更大的责任。

第四个层次，因为兴趣而爱岗敬业。一个人如果能够从事自己喜欢的工作，是一件非常快乐的事情。心理学研究表明，在兴趣激励下的工作状态中，从业者不仅富有创造性，而且会不计报酬、自觉主动地工作，不知疲倦。因此，一些优秀的企业总是让员工在自己喜欢的岗位上从事自己喜欢的工作，再辅以合理的报酬，使员工的敬业程度达到极致。

爱岗敬业的层次是不断提升的。当就业者的职业稳定、生活安定时，这种敬业精神就会升华为责任感；当他们对职业产生兴趣时，就会感受到工作的快乐与美好；当个人才干得到认可时，他们会更加努力；当社会价值实现后，他们在精神层面将获得极大的满足，从而迈向更高的境界。企业应善于发现人才，重视人才，并合理安排那些对某项工作有兴趣的人担任相关岗位的职务，这将显著提升工作效率。当一个人的社会价值得到充分实现时，他的榜样作用将为企业发挥“领头羊”的效应。

二、职业素养

职业素养有广义和狭义之分。广义的职业素养是指内在的行为规范，是个体素质在职业过程中的综合体现。广义的职业素养（图1–1）一般包含以下四个方面的内容：职业道德、职业思想（意识）、职业行为习惯、职业技能。狭义的职业素养没有明确的专业指向和特殊要求，本书称其为职业的基本素养。本书所提的职业素养是指狭义的职业素养。

如果把职业技能称为显性素养，那么职业素养就是隐性素养。显性素养和隐性素养的总和构成了一个人所具备的全部职业素养。“冰山理论”告诉我们，漂浮在水上的冰山约八分之七藏于水底，正是这八分之七的隐性素养支撑了一个人的显性素养（图1-2）。隐性素养对于一个人未来的职业发展至关重要。

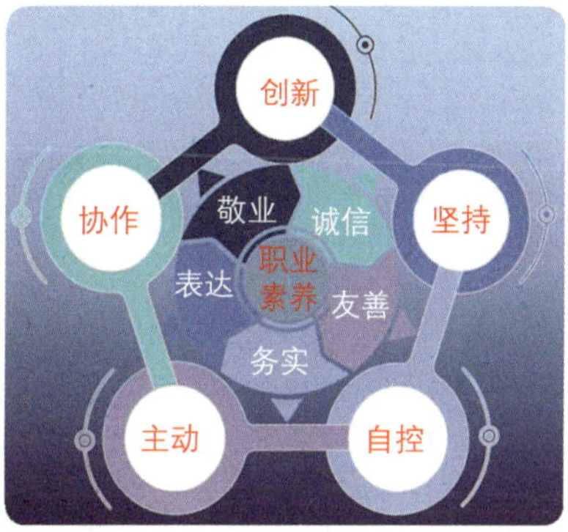

图1-1　职业素养的构成

图1-2　显性素养与隐性素养

课堂微体验

以4～6人为一组，根据《中国制造2025》“三步走”的战略目标（图1-3），结合自身所学专业，讨论在努力实现“两个一百年”奋斗目标的新时代大背景下，作为未来的职业技术人才，我们有哪些发展方向？需要具备哪些职业素养？请说明理由。

相关链接

请扫描二维码观看视频

图1-3　《中国制造2025》“三步走”战略目标

三、新时代中职生的职业素养要求

（一）以德为本、诚实守信的诚信精神

这一精神强调道德品质在个人成长和社会发展中的重要作用，同时也突出诚实守信在人际交往中的核心价值。它要求人们在日常生活中，不仅注重自身道德品质的培养和提升，还要在与他人交往时保持真诚和坦率，遵守承诺，做到言行一致。这种精神不仅有助于个人的成长和发展，也有助于构建和谐社会、提升社会信任度。

（二）无私无畏、敢于冒险的奉献精神

这一表述赞美了一种高尚的品质和行为态度。它要求人们在面对困难和挑战时，不仅保持无私无畏的精神状态，还勇于承担风险，敢于挑战未知，并为他人或公共利益奉献自己。这种奉献精神体现了对道德和正义的执着追求，也体现了对他人和社会的深切关怀。

（三）刻苦钻研、恪尽职守的敬业精神

这里的敬业精神是一种全方位、多层次的工作态度。它要求个人在工作中不仅具备深入探究、不断学习的能力，还保持高度的责任感和使命感，以及对岗位职责的严格履行。这种敬业精神不仅有助于个人的成长与发展，而且有助于团队整体效能的提升和组织的持续发展。

（四）集体观念和团队协作精神

科学技术的飞速发展，使现代社会的分工越来越细，复杂的工作需要依靠团队的通力合作和密切配合才能最终完成。因此，集体观念和团队协作精神已成为现代劳动者融入社会的必备素养，同时也是众多企业选拔人才的重要条件。

（五）敢于创新和善于创新的精神

“敢于创新”强调的是一种勇气和决心，即敢于挑战传统、尝试未知、接受失败；“善于创新”强调的是一种能力和智慧，即能够运用所学知识、技能和经验，有效地进行创新和实践。职业教育与当前科技发展密切相关，这一特性决定了职业教育必须注重培养学生不断进取、敢于创新和善于创新的精神。

（六）终身自我管理、塑造自我的能力

自我管理反映的是自我约束、自我控制的能力。面对社会的各种挑战，只有具备较强的自制力，个人才能对言语、行为、情绪和心理状态进行理性的调节，以积极的态度和饱满的热情面对挫折。塑造自我是自我评价、自我发展的能力，这是一种在发展中不断认识世界，通过改变自身以适应环境、寻求更好发展的必备能力。

（七）坚强的毅力和高尚的品格

一个人在生活和工作中不可避免地要面对各种艰难困苦。因此，教师需要注重培养学生的坚强毅力和高尚品格，使他们在面对人生考验时能够经受住洗礼。

课后微实践

根据本节课的内容，教师确定主题，结合本专业的校企合作单位及本地的社会资源，采访行业内的成功人士，了解他们的成长经历及成功经验，撰写演讲稿，并在班级中举行一场演讲比赛。

思政导学

党的十八大报告提出，要加强社会主义核心价值体系建设，“倡导富强、民主、文明、和谐，倡导自由、平等、公正、法治，倡导爱国、敬业、诚信、友善，积极培育和践行社会主义核心价值观”。党的二十大报告再次强调要广泛践行社会主义核心价值观。

第二节 职业素养的内容

职业素养的基本内容包括敬业、诚信、友善、务实、表达、协作、主动、坚持、学习、自控、创新等。对北京、天津、广东等地中小型企业开展的调查结果显示，企业对职业院校学生的各项能力要求中，职业技能通常排在第三位以后，而排在前几位的则是职业素养方面的要求。这充分说明，现代企业不仅需要“实用型、应用型”的技术技能型人才，还需要具有良好的职业道德、职业素养、团队合作意识，并了解和认同企业文化的高素质技术技能型人才。因此，职业素养是决定他们成功与否的根本因素。

一、敬业

“敬业”一词源于《礼记·学记》：“一年视离经辨志，三年视敬业乐群。”其意思是学生入学第一年，老师需要考查其对断句、理解经典的能力及学习志向；学生入学第三年，老师需要考查学生是否专注于学业，是否乐于与人相处。可见从古至今，敬业都是衡量学业和事业的重要标准。宋代理学家朱熹也曾说过："敬业者，专心致志，以事其业也。"这句话可以看作对"什么是敬业"的概括性诠释：敬业的人，专心致志地对待自己的事业。

那么，敬业到底是什么呢？敬业就是一个人以恭敬和负责的态度对待自己的工作，做到专心、严肃认真、尽职尽责、精益求精。敬业是中华民族的传统美德，也是一切职业道德基本规范的基础。敬业包含四层含义：恪尽职守、勤奋努力、享受工作、精益求精。

敬业的内涵决定了它具有以下几个特征：

（1）主动性——具有敬业精神的人能够自觉意识到自己的职责，并以负责的态度主动对待工作。

（2）务实性——敬业不是空洞的口号，而是必须落实到具体的工作事务中。一个人是否真正敬业，需要通过实际行动来判断。

（3）持久性——敬业的人能够长期坚持这种职业品质，始终如一地保持高标准和高要求。也许这些听起来很不容易，但只要愿意用这个标准来要求自己，付诸实践，你就会在工作中获得快乐。这种快乐是一种高级的快乐，是能够让你感觉到自我价值实现的快乐。从现在做起，时时刻刻用敬业的精神勉励自己，要求自己！

相关链接

张桂梅，女，满族，中共党员，1957年6月出生于黑龙江省牡丹江市，原籍辽宁省岫岩满族自治县，丽江华坪女子高级中学党支部书记、校长，华坪县儿童福利院院长（义务兼任），丽江华坪桂梅助学会会长。

2020年度感动中国十大人物之一：张桂梅——素心托高洁

【颁奖词】

烂漫的山花中，我们发现你。自然击你以风雪，你报之以歌唱。命运置你于危崖，你馈人间以芬芳。不惧碾作尘，无意苦争春，以怒放的生命，向世界表达倔强。你是崖畔的桂，雪中的梅（图1-4）。

相关链接

方文墨，男，汉族，1984年9月出生，2003年参加工作，中共党员，沈阳航空航天大学机械设计制造及其自动化专业毕业，大学学历，高级技师。

方文墨，现任沈阳飞机工业（集团）有限公司钳工、航空工业首席技能专家。他创造的“0.003毫米加工公差”被誉为“文墨精度”，其精细程度相当于人类头发丝直径的1/25（图1-5）。

请扫描二维码观看视频

图1-4 师恩难忘

请扫描二维码观看视频

图1-5 大国工匠匠人精神

方文墨，曾获全国五一劳动奖章、中国青年五四奖章、全国技术能手、辽宁省和沈阳市特等劳动模范等荣誉。2019年4月，他荣获“最美职工”称号。他是中国共产主义青年团第十七次全国代表大会代表，共青团第十七届中央委员会候补委员，中华全国青年联合会第十三届委员会副主席。

课后微实践

网络流行语“锦鲤”代指一切与好运相关的事物，例如好运的人或能够带来好运的事情。你是否希望在未来的职场中成为一名幸运儿？你是否渴望成为职场中的“锦鲤”？如果是这样，那就需要了解本职工作、珍视本职工作并热爱本职工作。请以小组为单位完成以下探索活动。

专业探索				
我的专业	对应的行业	行业领军人物代表	对应的职业范围	从业标准

首先，对自身专业进行初步探索，并简明扼要地阐述对专业的认识。

其次，在职场的舞台上，应怀抱热爱与敬重之情，将其落实到具体行动中，做到乐业、勤业、精业。请各小组成员结合所学专业，共同探讨在实践中如何践行乐业、勤业、精业的具体措施，并在全班范围内进行交流与分享。

组别	乐业的行动	勤业的行动	精业的行动
一			
二			
三			
四			

二、诚信

“诚”字较早见于《尚书》。《说文解字》中说：“诚，信也，从言成声”，“信，诚也，从人从言。”常言道，诚实乃做人之本，守信是成事之基。《礼记》中有“是故贤者之祭也，致其诚信，与其忠敬”之说。

一般认为，“诚”即诚实、诚恳，指“内诚于心”，是人的一种内在道德品质；“信”即信用、信任，指“外信于人”，是人的一种外显的道德行为。“诚”和“信”组合在一起，就形成了一个内外兼备、内涵丰富的词汇，其基本含义是指诚实守诺、践行无欺、言行一致、真实可信。

在现实生活中，不要“谈诚信而色变”，而要树立正确的诚信观。这对营造良好的社会氛围、塑造良好的经济秩序、促进社会主义市场经济可持续发展具有十分重要的意义。

树立正确的诚信观，有助于我们形成良好的职业道德，提升人生境界。诚信决定着一个人事业发展的广度和人生价值的高度。只有将诚信内化为精神追求，外化为实际行动，把诚实守信视为理所当然的行为，才能不断提升个人的道德修养。

树立正确的诚信观，有助于我们建立和谐的人际关系，增强彼此的信任。人与人之间的交往，最重要的是坦诚相待，言而有信。在社会交往中，只有以诚信为基础，才能获得他人的尊重和信任，别人才愿意与我们交往，从而实现和谐相处，建立合作关系。

树立正确的诚信观，有助于我们创造巨大的社会财富并获得丰厚的经济收益。如果人人都讲诚信，社会上就不会出现坑蒙拐骗、假冒伪劣的现象，市场经济将能够在良好的秩序下运行。企业的运营成本也会因此降低，从而可以集中精力进行生产，推动社会经济实现高质量的可持续发展。

职业院校中从来不乏讲诚信的优秀学生。他们“言必信，行必果”，无论在什么情况下，都敢于对自己说过的话和做过的事负责。他们以自己的行动向社会展示新时代青少年的道德素养和人格魅力。这些学生始终坚守“诚信”的初心，以诚信为镜，内心坦荡光明，逐渐成长为对社会有益的人。

无论是在生活中还是在工作中，我们在做出任何承诺前都应经过深思熟虑，切不可信口开河。我们需要为自己的言行负责，一个人的信誉越好，就越能成功地打开工作局面。在日常生活中，我们应注重建立自己的信誉，做到言而有信、真诚待人、诚信工作，树立诚实可信的形象，从而更好地彰显“诚信”这一重要德行。

三、友善

“友善”二字本指人与人之间的亲近、和睦，在职场上可理解为“与人为善，友好相处”，这是同事之间相处的重要原则。

待人友善是中华民族的传统美德。与人为善、以和为贵，保护别人的尊严，给予别人帮助和快乐，心里装着需要帮助的人，是友善最美好的表现。中国有句俗语“患难见真情”，说的就是在人们遭受困难和挫折的时候，你去帮助他们，这种帮助如同雪中送炭。这种真挚的情谊会让人难忘，在对方有能力帮助你的时候，他们一般也会伸出援助之手。世界上最强大的不是坚船利炮，而是一颗友善的心，因为它能真正使人体会到尊重和温暖。友善会使对方的敌意渐渐消失。没有人会拒绝友善带来的温暖。因此，当你试图打开对方心扉时，友善是最快、最有效的方式。

相关链接

两只刺猬由于寒冷而拥在一起。可因为各自身上都长着刺，于是它们分开了一段距离，但冷得受不了，又凑到一起。几经折腾，两只刺猬终于找到一个合适的距离：既能获得对方的温暖又不会被扎。“刺猬效应”（图 1-6）主要强调人际交往中的“心理距离效应”。

初入职场时，我们应特别注意掌握人际关系的分寸。首先，要有包容的意识。这要求我们尊重同事之间的性格差异、文化背景、社会阅历及职业差异，包容对方的缺点，宽容对方的一些小错误。其次，要懂得保持适当的距离。在与他人交往的过程中，我们要掌握距离感，随着关系的变化及时调整交往的方式。适度的距离感能够让对方感到舒适和安全，这也是职场中人与人之间长久相处之道。

图1-6 “刺猬效应”

四、务实

务实是中国文化中注重现实、崇尚实干精神的体现。它排斥虚妄，拒绝空想，鄙视华而不实，追求充实而富有活力的人生。作为一种传统美德，务实精神在当代社会中依然熠熠生辉。在日常生活中，我们应当深刻认识到务实的重要性：诚实做人，认真做事。最终会发现，自己脚踏实地走过的道路，正是通往成功的康庄大道。

那么，务实究竟具备哪些特点呢？一是为人质朴，忠厚诚实；二是以行证言，行胜于言；三是脚踏实地，追求实效；四是实事求是，探求真理。

相关链接

重温党的二十大报告 树务实实干之风

党的二十大报告指出："全党全军全国各族人民要紧密团结在党中央周围，牢记空谈误国、实干兴邦，坚定信心、同心同德，埋头苦干、奋勇前进，为全面建设社会主义现代化国家、全面推进中华民族伟大复兴而团结奋斗！"

用汗水浇灌收获，以实干笃定前行。从建造"天眼"，聆听来自宇宙深处的声音，到完成当今世界最具挑战性的工程之一——港珠澳大桥，"巨龙"纵横伶仃洋。

从在绝壁上开凿"生命渠"，兑现"水过不去、拿命来铺"的誓言，到在"悬崖村"架起钢铁"天梯"，为村民幸福生活开辟通道……在党的坚强领导下，中国人民砥砺奋进，把一个个不可能变成奇迹，这生动诠释了实干兴邦的深刻内涵。

实干兴邦，中国人民最有发言权，也最有切身感受。打赢人类历史上规模最大的脱贫攻坚战，历史性地解决了绝对贫困问题，靠的是实干；十年来，我国经济总量占世界经济的比重提高7.2个百分点，达到18.5%，稳居世界第二位，靠的是实干；一些关键核心技术实现突破，战略性新兴产业发展壮大……靠的也是实干。新时代的伟大成就是党和人民一道拼出来、干出来、奋斗出来的！

中华民族伟大复兴，绝不是轻轻松松、敲锣打鼓就能实现的。从现在起，中国共产党的中心任务就是团结带领全国各族人民全面建成社会主义现代化强国、实现第二个百年奋斗目标，以中国式现代化全面推进中华民族伟大复兴。实现民族复兴，实干是关键。

"事非经过不知难，成如容易却艰辛。"前进的路上，仍需用行动诠释初心，以实干践行使命。我们深信："天道酬勤，力耕不欺。"我们坚信："世界上没有坐享其成的好事，要幸福就要奋斗。"我们笃信："只要不驰于空想、不骛于虚声，绚烂的梦想就能变成壮美的现实。"

奋斗创造历史，实干成就未来。习近平总书记强调："时代呼唤着我们，人民期待着我们，唯有矢志不渝、笃行不怠，方能不负时代、不负人民。”“牢记空谈误国、实干兴邦”，加满油，鼓足劲，将实干进行到底，就能创造新的伟业。

课后微实践

职业素养的基本内容范围非常广泛，除了教材中提到的敬业、诚信、友善、务实等方面，还涵盖表达能力、协作精神、主动性、坚持不懈、学习能力、自我控制、创新意识等多个维度。请大家集思广益，以小组为单位，运用新媒体工具对其进行收集和分享！

思政导学

教育必须为社会主义现代化建设服务、为人民服务，必须与生产劳动和社会实践相结合，培养德智体美劳全面发展的社会主义建设者和接班人。

第三节　职业素养的养成

职业素养是一种养成教育。职业素养的鼻祖圣弗朗西斯科（San Francisco）认为，职业素养的修炼需要经历以下七道关：印象关——初入职场的形象管理；心态关——从学生向社会人的转变；道德关——职场安身立命之本；沟通关——打造职场“人气王”；专业关——从“菜鸟”变成“大虾”；诚信关——获得职场长期居住证；忠诚关——进入高层核心圈。经历这七道关，个人可以具备良好的职业素养，快速融入职场，实现人生价值。

阅读与思考

他的薪水为什么比我高

小王和小李同时受雇于一家公司，拿着同样的薪水。然而，一段时间后，小王青云直上，而小李仍在原地踏步。小李对老板给予的“不公正待遇”十分不满，终于有一天，他到老板那里去发牢骚。老板耐心地听着他的抱怨，同时在心里思考着如何向他解释他们之间的差别。

老板说道："小李，你去集市看看早上有什么卖的。"

小李按照指示去了集市，回来向老板汇报说，今早集市上只有一个农民拉了一车土豆在卖。

"有多少袋？"老板问。

小李又跑到集市，回来告诉老板说有40袋土豆。

"价格是多少？"老板又问。

小李第三次赶到集市，回来告诉老板土豆的价格。

老板点了点头，说："好吧，现在你看看小王是怎么做的。"

很快，小王从集市回来，向老板详细报告："目前，集市上只有一个农民在卖土豆，一共40袋，价格我已经问清楚了。土豆质量不错，我带回来一个样品让您检查。另外，这位农民一个小时后还会运来几箱西红柿。我看了看，价格非常合理。昨天我们铺子里的西红柿卖得很快，库存已经不多了。我觉得这么便宜的西红柿您肯定会感兴趣，所以我把那个农民也带来了，他现在就在外面等您的回话。"

老板听完后，转向小李，微笑着说："现在你明白为什么小王的薪水比你高了吧？"

一、职业习惯

中职生毕业后面临升学或就业的选择。在就业初期，尽管掌握了一定的知识和技能，但仅凭这些往往无法完全胜任工作。在许多方面，仍存在不足。因此，中职生培养良好的职业素养，是在社会竞争中脱颖而出的关键。以下是中职毕业生需要养成的几项职业习惯：

（一）守时

守时是职业人的基本素养。迟到却毫不在意，势必耽误重要事情，甚至影响团队的整体效率。因此，准时到岗、按时完成任务是职业道德的基本要求。

（二）忠诚

忠诚不仅指对工作的忠诚，还指对职业的忠诚。我们选择了一份工作作为事业的起点，就应在任职期间全力以赴，为单位创造价值。这种忠诚既是对工作的尊重，也是职业发展的必要前提。

（三）尊重他人

在职场中，尊重他人的生活方式和个人隐私是基本礼仪。在人际交往中，应避免涉及一些敏感话题，如个人隐私、同事关系、薪资收入等。这种尊重能为你赢得他人的信任与好感。

（四）负责

如果希望获得他人的信任，就要成为一个负责任的人。成熟的职业人需要以强烈的责任感为支撑，对自己的决策和行为负责。俗话说："干一行，专一行。"既然选择了这个职业，就应具备强烈的责任心。频繁跳槽，或因"没兴趣"或待遇不佳而轻易放弃工作，是一种不负责任的行为。

（五）培养积极的心态

积极的心态是职业发展的重要助力。学会赞美他人，因为每个人都希望被欣赏；恰当的称赞能激励他人更加努力。学会微笑，微笑是一种令人愉悦的表情，不仅能缓解紧张情绪，还能帮助你建立良好的人际关系。

（六）遵守规章制度

每个企业都有一套行之有效的规章制度，无论你是否喜欢，这些制度都是企业运作的基石。作为新人，遵守规章制度是职业道德的基本要求之一。入职后，我们应首先熟悉《员工守则》和企业文化，明确职责范围，在制度框架内充分发挥自己的能力。

总之，职业素养的培养是一个持续的过程，它不仅关系到个人职业生涯的发展，还决定了个人在职场中的竞争力。通过不断提升自己，我们才能在未来的职业道路上走得更远、更稳。

相关链接

大国工匠精神

工匠精神包括三个方面：第一，思想层面要爱岗敬业、无私奉献；第二，行为层面要持续专注、开拓进取；第三，技艺层面要精益求精、追求极致。

工匠精神的基本内涵包括以下几点：

一是敬业。敬业是一种基于对职业的敬畏和热爱的全身心投入、认真负责的职业精神状态，是从业者履职尽责的基本要求。

二是精益。精益即精益求精，是从业者对每件产品、每道工序都凝神聚力、追求完美的职业品质。这种精神体现了对细节的极致追求和对工作的高度负责。

三是专注。专注是一种内心笃定、注重细节的耐心、执着和坚持的精神特质。这种特质是所有"大国工匠"必须具备的核心素养，也是成就卓越的关键。

四是创新。工匠精神还蕴含着追求突破与革新的创新内涵。古往今来，热衷于创新和发明的工匠始终是推动世界科技进步的重要力量。

二、职业素养的养成

（一）通过职业生涯规划培养职业素养

职业生涯规划的目的是围绕个人的人生目标，明确各人生阶段的任务，有计划、有步骤地完成，最终实现人生目标。从入学开始，中职生就应当明确专业培养目标，了解专业发展方向，逐步树立正确的职业理想。

（二）通过思政治课程教学培养职业素养

中职生应将思想政治课程内容融入日常生活，认真学习职业道德规范的基本要求，了解职业道德的特点、意义和内容，掌握提升自我道德修养的方法与途径，树立劳动光荣、诚实守信、团结合作、爱岗敬业、服务奉献、艰苦奋斗、开拓进取等职业观念。

（三）通过技能训练和资格证书考试培养并检验职业素养

技能训练的各项要求无疑在潜移默化中培养学生的职业素养。职业资格证书已成为职业准入的标准，它反映了劳动者的职业素养水平。职业资格证书考试内容全面且具有权威性，能够充分检验学生职业素养的达成情况。

（四）通过社会实践和第二课堂活动培养职业素养

职业素养的培养贯穿各个场景，中职生应向时代的先进人物学习，积极参与社会实践和第二课堂活动，例如体育竞赛、演讲比赛、技能展示、科技制作、知识竞赛，以及各类报告和讲座等。

（五）通过就业与创业教育培养职业素养

就业与创业教育旨在帮助学生在选择职业时，根据就业形势和自身条件进行全面权衡，并在科学的职业理想指导下树立正确的就业观念和职业态度。通过就业与创业教育，中职生明白人生价值主要通过本职工作来体现。学生应尊重自己的工作，全身心投入，脚踏实地，一步一个脚印地积累经验。只有这样，才能不断提升职业素养，迈向更高的职业目标。

课后微实践

坚持21天，养成一个良好的职业习惯

心理学研究表明，一个看似简单的行为，如果能够坚持重复21天以上，就会形成习惯；如果坚持重复90天以上，就会形成稳定的习惯；而如果能够坚持重复365天以上，想要改变都会变得十分困难。任何一种行为，只要不断地重复，就会成为一种习

惯。同样，任何一种思想只要不断地重复，也会成为一种习惯，进而影响潜意识，在不知不觉中改变我们的行为。

这就是“坚持21天，养成一个良好的职业习惯”训练的设计原理。其具体要求如下：

（1）选择一件事情，如阅读、背单词等，制订一项切实可行的计划，坚持21天做这件事情，以培养一个好习惯。

（2）清楚地认识到新习惯带来的好处，因为情感驱动力往往比理性的强迫更有效。

（3）初次尝试时，设立简洁的目标更容易坚持下去。

（4）使用21天坚持表格，每坚持一天，就奖励自己一颗“恒心星”。

（5）不要追求完美，一步一步来，稳扎稳打地实现目标。

2

职业知识

第二章

引　言

职业是人与社会联系的重要纽带，职业生活在人类社会生活中占据重要地位。职业是社会发展到一定阶段的产物，是伴随着社会分工的形成而逐渐产生的。2022年版《中华人民共和国职业分类大典》（以下简称《职业分类大典》）将我国职业划分为8个大类、79个中类、449个小类，1639个细类（职业）。“三百六十行，行行出状元”，职业范围之广，职业分类之细，需要我们关注职业以及相关的专业知识。每个人都要步入社会，创造价值，因此不可避免地与职业结下不解之缘，成为一名职业人。

本章主要介绍职业的基本知识、我国职业发展变化、我国职业教育发展历史，以及专业、职业与行业的关系等。通过这些内容，学生可以根据自身的条件和特点选择合适的职业岗位，充分发挥自己的才能，实现人生价值。

阅读与思考

职业终点在哪里?

有人认为，美术专业的就业前景不容乐观。实际上，随着时代的发展，学习美术已经不再仅仅是为了培养兴趣爱好，更多时候，它体现了人们对美好生活的追求。美术不仅融入生活的方方面面，还与多个高端行业密切相关。美术专业毕业生的职业选择范围日益扩大，充满各种可能性。

随着我国经济的不断发展和人们生活水平的提高，人们从注重物质需求逐步转向关注精神文化需求，美术类专业的就业方向也变得更加多元化。这些方向包括影视、建筑、室内装修、服装设计、印刷、媒体广告策划、动漫制作、网络设计等，它们都需要大量具备美术专业技能的人才。

与美术相关的职业：

1. 平面设计师
2. 插画师
3. 包装设计师
4. 书籍装帧设计师
5. 动画师
6. 漫画师
7. 游戏设计师
8. 数字媒体设计师
9. 网页设计师
10. 摄影师
11. 化妆师
12. 珠宝首饰设计师
13. 服装设计师
14. 玩具设计师
15. 家具设计师
16. 展示设计师
17. 室内设计师
18. 景观设计师

以上提到的与美术相关的职业，确实是当今社会中较为热门且人才需求量较大的领域。然而，我们在选择专业时，仍需结合个人的兴趣和意愿来慎重决定。志向、愿望、专业和职业密切相关，不宜盲目跟随潮流或从众，这关系到未来的个人发展与人生幸福。你认为呢?

思政导学

积极的职业生活态度：“凡事预则立，不预则废。”德国诺贝尔文学奖得主赫尔曼·黑塞（H. Hesse）曾有句名言：“生命究竟有没有意义并非我的责任，但怎样安排此生却是我的责任。”

第一节　职业的基本知识

一、职业的概念

谈到职业，人们通常联想到日常生活中各种各样的劳动岗位及其相关工作，如医生、护士、教师、记者等。这些工作由于性质、任务、对象和方式的不同，被称为不同的职业。

（一）职业的含义

“职”指职务，即执掌之事，正如《尚书·周官》中所记载的“六卿分职”；“业”指事业、学业等。“职业”一词合用，最早见于《国语·鲁语》：“昔武王克商，通道于九夷百蛮，使各以其方贿来贡，使无忘职业。”

根据中国职业规划师协会的定义，职业是指个人参与社会分工，运用专业技能和知识创造物质或精神财富并获取合理报酬的工作。从个人角度看，职业是人们在社会中使用的一种谋生手段；从社会角度看，职业是劳动者所获得的社会角色，劳动者为社会付出一定的劳动，并因此获得相应的报酬；从国民经济活动所需的人力资源角度看，职业是指不同性质、内容、形式和操作方式的专门劳动岗位。要全面理解职业的内涵，需要从以下四个方面进行探讨：

（1）与人类需求和职业结构相关，强调社会分工；

（2）与职业的内在属性相关，强调运用专门的知识和技能；

（3）与社会伦理相关，强调创造物质财富和精神财富，并获得合理报酬；

（4）与个人生活相关，强调提供物质生活来源，同时满足精神生活需求。

总而言之，职业以社会分工为前提，通过运用自身的专业知识和技能，获得合理报酬，从而解决生计问题并实现自我价值。

（二）职业的特点

职业是个人在社会中所从事的、作为主要生活来源的工作。它既具有一般劳动形式的特点，又在其产生和发展的过程中逐渐形成了区别于其他劳动形式的独特特征。这些特征主要表现在以下几个方面：

1. 社会性

从产生的角度来看，职业是在社会发展到一定阶段后，伴随着社会分工逐渐形成的。如果没有社会分工，就不会有职业的产生。从组织结构的角度看，任何一个职业都不是孤立存在的，而是社会整体中的一个子系统，与其他职业及其系统紧密相连。从服务对象的角度看，职业是社会所必需的，是服务社会的专门工作。因此，职业的社会性在各个环节中都表现得尤为明显。

2. 经济性

从事职业既对个人有利，也对社会有益，体现了经济性。对个人而言，职业是获取生活资料的主要途径；对社会而言，个人从事职业是促进社会经济发展的重要环节。

3. 稳定性

职业的产生、发展和消亡是一个较长的周期性过程，受到多种因素的综合影响。职业必须在一定时期内具有相对的稳定性，临时性的活动不能称为职业。然而，在当今社会，职业的稳定性有所降低，一些职业因技术更新速度加快而生命周期缩短。

4. 技术性

尽管不同职业所需的知识和技术各不相同，但不存在完全不需要知识或技术的职业。进入知识经济时代后，各行各业对知识和技术的要求日益提高，各种职业的技术含量也在不断增加。因此，职业的技术性特征变得更加突出。

5. 专业性

任何一个职业都需要不断发展和完善，因此其专业性会越来越强，专业化程度会越来越高。例如，公认的专业化程度较高的职业包括医生、律师、工程师和教师等。社会对这些职业的要求不断提升，它们具备其他职业所无法替代的独特特点。一些传统职业，虽然表面上看专业性不强，但随着社会的发展，社会对这些职业的要求也在不断提升。例如，环卫工作不仅是简单的清扫卫生，还涉及垃圾分类、垃圾处理等内容，其专业性和技术性要求也在逐步提升。

6. 群体性

首先，职业具有一定的规模，是一个群体的共同行为。若从业人员的数量不足，则其劳动行为无法构成职业。其次，从业者之间存在千丝万缕的联系，他们相互合作、齐心协力，共同承担社会责任。在职业内部，不同岗位分工明确、责任清晰，目标一致，形成了群体认同感。群体通过共同努力，才能完成职业所要求的任务。

7. 规范性

每种职业都有一定的从业标准和职业道德，这就是所谓“行有行规”。例如，对从业者知识和技术的要求、具体的职业操作流程和质量标准，以及应承担的责任和履行的义务等，这些都属于职业规范的重要内容。

8. 时代性

职业是随着社会的进步和变迁而不断发展变化的。新的职业不断涌现，旧的职业逐渐消亡。不同的时代造就了不同的职业特征，每个时代都有其独特的代表性职业。例如，我国曾经出现过“当兵热”“从政热”，随后又发展到“下海热”“外企热”等现象，这些都反映了特定时代的人们对某些职业的高度热衷。

9. 多样性

随着社会分工的日益细化，职业种类必然越来越丰富，呈现多样化的特点。与此同时，伴随着社会的发展，一些职业的专业化程度不断提高，所需的知识和技术日益深厚，职业之间的差异愈加显著。因此，如今已难以见到能够精通多个岗位或领域的全能型专家，这正是职业多样性的结果之一。

10. 发展性

职业的“发展性”体现为职业对于个人成长和价值实现的推动作用。通过将智慧与精力投入所从事的职业，人们得以实现自身的人生价值。可以说，职业是个人发展的舞台，任何人的成长和进步都离不开职业的支持。同时，个人的不断发展也推动着职业对其提出新的要求，促使人们不断适应新的变化与挑战。

二、职业的分类

（一）职业分类的概念

职业分类是运用科学方法，通过对全社会从业者所从事的各类职业进行分析和研究，根据不同职业的性质、活动方式、技术要求与管理范围进行系统划分和归类，以实现劳动力素质与职业要求相适应的目标。

现代职业分类是工业革命的产物，也是现代人文精神的体现。职业分类不仅反映职业的外在特征（如社会需求性的特征），也展现职业的内在特征（如个人发展性的特征）。

（二）我国的职业分类

我国职业分类的依据是《职业分类大典》。首版于1999年正式颁布实施，成为我国首部对职业进行科学分类的权威性文献。为了适应发展需要，2015年版《职业分类大典》对职业分类结构进行了调整。2022年版《职业分类大典》的修订工作由人力资源和社会保障部、国家市场监督管理总局及国家统计局于2021年4月联合启动，是自1999年颁布首部国家职业分类大典以来的第二次全面修订。与2015年版相比，2022年版《职业分类大典》新增了法律事务及辅助人员等4个中类，数字技术工程技术人员等15个小类，以及碳汇计量评估师等158个新职业，总职业数达到了1639个。此外，2022年版《职业分类大典》首次标注了数字职业。对数字职业进行标注是为了适应数字经济发展的需要，有助于推动数字经济的繁荣、加速技术创新以及促进相关人才队伍的建设。

《职业分类大典》在充分考虑我国经济发展、科技进步和产业结构调整的基础上，按照工作性质一致性的基本原则，对我国社会职业进行了科学划分和归类，全面反映了我国社会职业结构。

《职业分类大典》中的每一个职业均包含编码、名称、定义和描述，同时列出了归入该职业的工种，对职业的性质、工作活动的内容与范围，以及与工种的联系进行了准确的界定和表述。这些分类方法既符合我国国情，又简明扼要，具有较强的实用性，同时能够充分反映我国的职业现状。

《职业分类大典》为我国职业分类工作的开展提供了重要依据，同时也为社会各领域的职业管理、研究及国际交流奠定了坚实基础（图2-1）。

相关链接

2022版《职业分类大典》正式公布

净增158个新职业 职业数达1639个

职业分类有什么作用？

《职业分类大典》建立和修订历程

第二次修订有哪些变化？

专业技术人员大类新增了哪些职业？

首次标识97个数字职业的作用和意义？

职业选择从"心"出发

图2-1　我国关于新修订的2022年版《职业分类大典》的新闻报道

请扫描二维码观看视频

三、职业的发展趋势

职业发展至今，已经进入了一个新的阶段。新知识、新技术层出不穷，相应的产业结构也在加速调整和升级，因此职业领域呈现一些新的发展趋势：

（一）面向第三产业的职业以及与高新技术相关的职业蓬勃发展

随着社会的进步，以服务业为主的第三产业相关职业迎来全面发展，其在产业结构中的比重显著提升。统计数据显示，截至2025年上半年，我国第三产业的产值占GDP的比重为59.1%。这表明我国的第三产业发展迅速，相应的职业规模不断扩大，发展日趋成熟。同时，科学技术的迅猛发展推动了高新技术产业、高效益产业、轻型产业和洁净型产业的比重逐步提高。大量新技术、新工艺、新设备被广泛应用于各产业领域，这必然促进相关职业领域的快速增长与升级。

（二）职业的综合化、智能化、专业化程度越来越高

从职业的专业化程度看，职业对知识的要求日益提升，技术含量也在不断提高。现代教育之所以需要普及，并且与生产劳动紧密结合，以及人们的平均受教育年限逐渐延长，正是因为职业对新知识和新技术的需求日益增长。尤其是在高新技术产业领域，相关职业更是离不开强大的智力、技术和人才支持。此外，一个职业所需的知识和技术已经不再是单一的，而是日益丰富和复杂，从业者需要具备综合性的职业能力。

（三）传统职业将逐渐萎缩，新的职业将不断涌现

任何一个职业都在不断发展变化，甚至可能面临消亡，而新的职业会随之产生。当下，职业的发展、变化和更替速度明显加快。现代化大生产的一个显著特点是市场竞争的激烈程度加剧，产品的更新换代速度加快，这必然不断催生新的职业。

课后微实践

通过互联网络或向身边的亲朋好友了解所在学校周边的职业（岗位）信息，分别列出自己感兴趣的三个职业（岗位）。

思政导学

未来属于那些拥有创新思维和勇气的人。在职业发展的道路上，我们要不断学习新知识，积极拓展自身技能，才能成为行业内的佼佼者。漠视职业变化，无异于自毁前程；把握时代脉搏，顺应职业发展趋势，会让你的职业生涯充满活力。

第二节　我国职业发展变化

请扫描二维码观看视频

课堂微体验

修钢笔

老行当

修钢笔

曾几何时，拥有一支钢笔是一种时尚和身份的象征，更是一种知识的代表。使用和修理往往相伴而生，在商品尚不能达到如今的丰富之时，修钢笔者对于使用者来说就是“装备保障”。其价值就体现在：简单的配件，只有他，才能使得钢笔能像原先一般地溜溜下水。

精修钟表

老行当

精修钟表

精修钟表的人心细如发，心静如水。放大镜、酒精灯、镊子，还有灵巧的手是他们的兵器，他们让凝固的时间行走。而他们却仿佛停留在时光之外，小作坊里凝固了他们的人生画卷，见证了时间的游走。

代写书信

弹棉花

图2-2　我国职业老行当

结合图片2-2，你能说出几种曾经存在但现在已经消失的职业？

一、职业的变迁

职业是社会分工的产物，而社会分工是社会生产力发展的客观需求。由此可见，职业自诞生之日起，就打上了时代生产力发展水平的烙印。换言之，生产力水平的提高不断改变社会分工体系，而社会分工体系的变化又直接推动职业的变迁。展开改革开放以来我国职业变迁的画卷，我们会发现，一些原本熟悉的职业正在消失或需求逐渐萎缩，与此同时，大量新兴职业正在涌现。

（一）20世纪70年代职业倾向：工人、军人、教师、科学家、医生、作家等

当时，最流行的一句话是“三百六十行，行行出状元”。因此，磨刀、修脚、售货、锔锅等传统职业都有人从事。人们对职业的要求并不高，只要工作看得见、劳动有所回报即可。当时，工人因社会地位高、待遇稳定，成为人们倾心的职业；军人则因其特殊的身份和使命，成为许多年轻人向往的目标。同时，科学家、医生、教师、作家等职业因享有良好的社会声誉，被社会广泛认可。

（二）20世纪80年代职业倾向：科技人员、管理人员、军人、教师等

这一时期，新旧职业的更替速度尚未加快，一些传统职业仍在社会生活中发挥作用。改革开放解放了人们的思想，职业选择的倾向性随之发生显著变化。科技人员的社会地位明显提高，职业划分逐渐明晰，人们对职业的选择更加有计划、有意识。

这一时期，人们对职业的评价标准主要集中在职业的影响力、知名度及经济报酬上。

（三）20世纪90年代职业倾向：企业管理人员、科学家、工程师、公务员、医生、教师等

随着改革开放进入新阶段，大量国外先进理念被引入我国，发展经济和提升管理水平成为社会关注的焦点。根据1996年的相关调查，企业管理人员的得分居首位。

与此同时，随着科技进步及电子通信业的发展，新兴职业不断涌现，传统职业逐步被淘汰。社会进入职业更替较快的阶段，人们对职业的选择更加多样化。

（四）21世纪职业倾向：集成化、智能化、自动化等高端职位

随着社会的发展和进步，智能化和自动化的趋势越发明显。如今，青年群体的职业观和价值观发生了显著变化。他们不再愿意从事低技术含量的劳动密集型行业，这导致加工制造业和建筑业等领域出现劳动力短缺甚至断层的现象。

劳动力的缺失倒逼行业转型升级，智能化和自动化技术应运而生。没有操作员，就引入机器人。无人车间、大型汽车厂的机器人生产线等新模式不断涌现，许多低端岗位被智能设备取代。

可以预见，未来职业发展的核心需求将集中在集成化、智能化、自动化等高端技术人才上（图2-3）。这一趋势不仅改变了职业结构，也对劳动者的知识储备和技能提出了更高的要求。

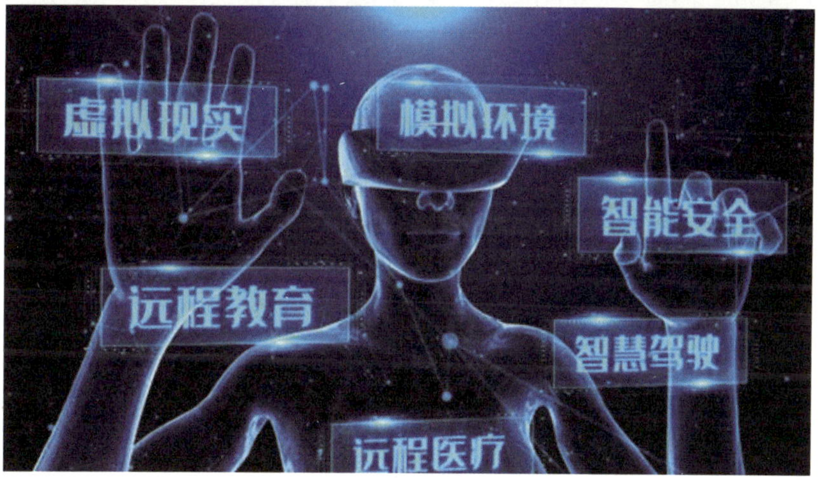

图2-3　人工智能引领未来概念模板

二、改革开放以来我国职业变迁的五大特点

（一）新职业层出不穷

社会生活日新月异，人们的需求层次不断提升。这些需求催生了更为细化的专业服务，加速了社会职业分工的深化，从而催生了一个又一个新职业。这些新职业主要集中在第三产业领域。

（二）职业选择日益多元

随着职业种类的增多，求职者和用人单位的选择变得更加灵活。自主择业和自主创业逐渐成为越来越多人的选择。

（三）知识型职业受到重视

经济发展推动科技进步，为未来职业发展创造了越来越多的新兴岗位。这些岗位的需求远高于普通职位，例如自动驾驶、无人机、智能设备、云计算乃至元宇宙等领域。这些岗位一方面为社会提供了一系列高新技术职位，另一方面促进了知识型和技能型人才的升级。可以预见的是，过去一些技术岗位的学历要求通常是大学本科，而如今高端职位通常要求研究生学历，或经过特殊技能训练的高端技能型人才。人们越来越关注提升自己的学历和技能，以满足更高的职位要求。

（四）好职业的标准反映时代特色

20世纪，人们普遍认为拥有一个“铁饭碗”就是好职业，关注工作稳定和福利保障。进入21世纪后，有人提出了好职业的五大标准：薪酬待遇合理、职业发展空间广阔、工作内容具有挑战性、工作环境优越、企业文化积极向上。这五大标准非常全面，充分体现了时代特色。

（五）热门职业频繁转换

职业的发展与经济、社会的进步水平密切相关，因此，热门职业也在不断变化。从20世纪70年代工人、军人、教师备受推崇，到20世纪90年代以来企业管理人员、科学家、公务员受到追捧，人们在评价热门职业时，不仅关注其社会地位和薪酬待遇，还注重职业发展机会及对社会的贡献。

三、我国新职业的基本特征

近年来，随着经济社会的发展、科技的进步和产业结构的调整升级，一大批新职业应运而生，并呈现蓬勃发展的态势。健康发展的新职业，不仅是新经济时代发展的现实需求，也是构建我国全方位、多样化就业途径的重要支撑。

新职业是随着社会进步和科技水平提升逐步形成的一类新的社会群体性工作，属于新兴业态中的新就业形态。自2015年版《职业分类大典》发布以来，人力资源和社会保障部等部门发布了多批新增职业，其中包括大数据工程技术人员、网约配送员、在线学习服务师、健康照护师、呼吸治疗师等。这些新职业种类繁多，涵盖多个职业领域，具有鲜明的时代性，新职业的劳动力要素也展现出典型的时代特征：

（一）科技革命引发职业变革，对劳动力素养的要求显著提升

我国经济已由高速增长阶段转向高质量发展阶段，以人工智能、大数据、物联网、云计算等为核心的第四次工业革命蓬勃发展，智能科技领域成为我国新的经济增长点。

新职业主要集中在智能科技、生活服务和健康医疗等领域，对从业者的专业知识和创新能力提出了更高要求。随着第四次工业革命的深入推进，市场对专业人才的需求在不断增加。

（二）消费升级带来职业分化，劳动力市场的细分趋势愈加显著

随着我国居民收入水平的持续提升，人们对生活质量和服务的需求日益个性化，这促使传统产业不断变革，甚至衍生出全新的职业。《2019年生活服务业新职业人群报告》介绍了多个生活服务领域的新就业形态，这包括宠物摄影师、旅拍策划师、收纳整理师等。这些新职业既反映了消费者消费需求的普遍升级，也体现了众多从业者将自身爱好和特长转化为长期职业发展的择业态度。此外，近年来消费类型的多元化趋势进一步推动了职业类型的分化，并对新职业人群的职业技能和综合素质提出了更高要求。

（三）社会发展的多元需求使就业方式更加灵活多样

随着老龄化社会的加速到来，青年劳动力不足、养老负担过重等问题成为当前社会的现实难题。大量老年人、残障人士以及急危重患者等特殊人群亟须专业化的健康护理和康复训练服务，由此衍生出一大批新职业。例如，老年健康评估师这一职业专门为有需求的老人提供活动能力、认知能力、精神状态等方面的照护服务。人们对健康产业和医疗护理的重视程度及投资力度前所未有地提高，康复辅助技术咨询师、呼吸治疗师等新职业的需求预计将呈现井喷式增长。这些新职业既是社会需求快速发展的产物，也体现了其灵活性和强大生命力。

然而，由于新职业产生时间较短，其整体发展尚不成熟，在职业结构、职业培训、职业保障等方面存在诸多不足，主要体现在以下几个方面：

1. 供需不平衡

尽管新职业的种类不断增加，但人才供给在数量和质量方面却难以满足快速发展的需求。例如，随着老龄化进程加快，康复医疗和健康服务等康养类产品的需求持续增长。同时，经济的发展和消费升级促使消费者对所购买服务的要求变得更加多元化、个性化与专业化。传统的家政人员和健康护理人员难以满足这一日益提升的消费需求。据统计，目前我国养老护理员的市场需求约为600万名，但实际从业人员仅有50万名，存在巨大的人才供给缺口。面对这一现状，我国必须进一步加强对新职业人群的教育与培训，以满足社会发展的迫切需要。

2. 结构不合理

当前，诸多新职业的出现在一定程度上满足了我国科技进步、产业变革和消费升级的巨大需求，丰富了职业类型，并推动了传统职业的转型与发展。然而，与我国多

元化、个性化的消费需求和服务要求相比，新职业的类型仍显单一，其体系结构和人才队伍亟待完善。

3. 保障不完善

新职业在创造大量就业岗位，吸纳传统劳动力就业与创业的同时，也逐步暴露出一些劳动用工问题。在互联网平台就业模式下，劳动关系往往不够清晰，难以明确界定，导致劳动标准和社会保险政策难以有效衔接。这不仅不利于新职业从业者劳动成果与职业权益的保障，也给人力资源和社会保障部门的监管带来了巨大挑战，不利于新职业的类型扩展和相关人才的培养。

4. 培育不充分

面对新职业人才的巨大缺口，作为主要人才供给方的职业教育体系，在人才培养方面存在急功近利的现象。例如，一些院校忽视地方产业发展的实际需求以及自身的办学能力，不切实际地开设与热门高新技术产业相关的专业。在教师队伍建设、教材编写、实训基地建设等方面未能与时俱进，导致部分新设专业名不副实，学生的就业前景令人担忧。此外，一些社会培训机构打着“网红孵化”“直播带货”等旗号，吸引“零粉丝”“零基础”的学员报名，却以高昂学费进行欺诈，严重影响了新职业教育的健康发展。

课后微实践

学生的就业情况是衡量职业学校办学质量的重要标准之一。中等职业学校的学生就业存在着就业难和高就业率并存的矛盾。许多同学对未来的工作表示担忧，因此，对于中职生来说，尽早规划自己的职业生涯是十分重要的。

请同学们根据本课所学，从以下几个方面进行社会调查，为今后的求职与就业提供参考：中职生对自己职业发展的看法和前景展望、对自身素质的评价、学校就业指导、企业对中职生的使用情况（人数、比例与要求）以及我校毕业生的工作情况。

思政导学

经济社会发展需要大国工匠。2019年8月，习近平总书记在甘肃省张掖市山丹县考察山丹培黎学校时指出：“实体经济是我国经济的重要支撑，做强实体经济需要大量技能型人才，需要大力弘扬工匠精神，发展职业教育前景广阔、大有可为。”培育大国工匠，离不开丰沃的土壤——高质量的职业教育。近年来，我国职业教育改革发展走上了提质培优、增值赋能的快车道，顶层设计更加成熟定型。

第三节 我国职业教育发展历史

一、我国职业教育百年发展历程

百年前的中国，洋火、洋布、洋灰这些被老辈人冠以“洋”字的词语，记录了工业基础薄弱、产品和技术都依靠进口的时代。

百年后的今天，中国的高铁走出国门，“天宫”遨游太空，5G技术引领潮流……“中国制造”大步迈向“中国智造”。

经济和社会的腾飞发展离不开千百万能工巧匠，社会的进步离不开数以亿计的高素质劳动者的辛勤奋斗。职业教育作为工匠的摇篮、技术技能人才成长的基地，历经百年不懈追求，谱写了技能强国、职教兴邦的崭新篇章。

（一）我国职业教育的起步

作为一个历史悠久的文明古国，我国的职业教育起步较早，但多以子承父业、家族传承的形式存在。1866年开设的福建马尾船政学堂，可以被视为我国最早的职业教育机构。1917年，黄炎培创立了中华职业教育社，这一机构与晏阳初、陶行知等人组织的中华平民教育促进会一道，致力于推动职业教育的发展（图2-4）。在国民政府的推动下，我国中等专业学校的数量显著增加。然而，当时公立学校仍然以普通教育为主，职业教育主要集中在民办学校中开展。

福建马尾船政学堂旧址

上海中华职业教育社

图2-4 我国早期的职业教育机构

（二）我国职业教育发展的新阶段

新中国成立后，为了培养技能型人才，我国引入苏联的中等技术学校和技工学校教育模式，中等专业教育和技工教育加强了实践环节，提高了教学质量，得到了长足发展。据教育部门网站数据统计，到1965年，我国已有中等职业学校7294所，在校生126.65万人，占当时高中阶段学生总数的53.2%。

（三）我国职业教育的转折

1978年，党的十一届三中全会召开，我国职业教育的发展步入快车道。1980年《关于中等教育结构改革的报告》首次提出将部分普通高中改为职业中学，并鼓励行业办学，中等职业教育呈现繁荣发展的局面。然而，20世纪90年代中期以后，由于中等职业学校毕业生就业困难以及高校扩招等内外因素的影响，我国中等职业教育的发展陷入停滞状态，许多职业学校再次改回普通中学。为了扭转这一局面，政府实施了一系列举措。特别是党的十八大以来，在国家的高度重视和大力支持下，我国的职业教育迎来了发展的春天。根据教育部网站公布的数据，截至2023年，我国拥有职业院校1万多所，在校生人数逼近3500万人。中等和高等职业教育的招生规模以及在校生规模，分别占我国高中阶段教育和高等教育的“半壁江山”，我国已建成世界规模最大的职业教育体系（图2-5）。

图2-5 发展现代职业教育的意义

相关链接

1985年颁布的《中共中央关于教育体制改革的决定》在论述“中等教育结构调整”时，通篇只说了一件事——发展职业教育。该文件对职业教育体系有明确阐释，提出“逐步建立起一个从初级到高级、行业配套、结构合理又能与普通教育相互沟通的职业技术教育体系。”这一布局影响至今。

请扫描二维码观看视频

20世纪80年代至90年代，发展的重点仍是中等职业教育。除原有的中专和技校外，一支新力量——职业高中加入进来。当时，山东、北京、上海等地率先试点，将普高改为职高或在普高里办职高班。这类学校隶属离市场最远的教育部门，却最先尝到市场的滋味——毕业生不包分配、没有干部身份、没有上级行业企业的庇护，必须到市场的大海里学会游泳。但很快，这便成为中国职业学校的常态。

以政企分开、企业减负增效为背景的20世纪90年代，随着劳动人事制度改革、企业教育职能剥离的推进，加之尚处于中低端生产的企业无力为技术工人提供优厚待遇，职业教育的吸引力出现下滑。与此同时，知识经济大潮席卷而来，高等教育快速发展，从另一头对传统职业教育构成冲击。

职业教育没有就此消沉，而是以改革的方式解决面临的问题。一方面，国家进一步加大重视。1996年《中华人民共和国职业教育法》正式颁布，以法的形式明确了职业教育的地位、体系构成以及政府和有关方面在发展职业教育中的责任。另一方面，寻求新的突破，将发展高等职业教育提上议事日程，并开始质量提升和内涵建设。

1999年6月，中共中央、国务院《关于深化教育改革全面推进素质教育的决定》首次明确提出：“要大力发展高等职业教育，培养一大批具有必要理论知识和较强的实践能力，生产、建设、管理、服务第一线和农村急需的专门人才。”此后短短十几年，我国高等职业教育的数量从几十所增加到1400余所。

面对我国产业转型升级的需求，2014年中央再次召开全国职业教育工作会议，习近平总书记作出重要批示：“职业教育是国民教育体系和人力资源开发的重要组成部分，是广大青年打开通往成功成才大门的重要途径，肩负着培养多样化人才、传承技术技能、促进就业创业的重要职责，必须高度重视、加快发展。”国务院颁布《关于加快发展现代职业教育的决定》，提出建立产教深度融合、中职高职衔接、职业教育与普通教育相互沟通的现代职业教育体系。同时，建立高职生均拨款制度，与本科享受同等待遇。

2018年，习近平总书记亲自主持中央深改组会议并审议通过《国家职业教育改革实施方案》。这份文件开宗明义地指出："职业教育与普通教育是两种不同教育类型，具有同等重要地位。"这句看似简单的表述，却代表着职业教育发展的新境界。一系列制度设计给职业教育注入了底气。纵向，在职业教育体系里，有中职、高职、本科直至专业硕士和博士；横向，有产教融合、学历证书与职业技能等级证书融通。职业教育不再是低人一等的那一轨，而是并列存在的一条上升通道。

为了推动职业教育高质量发展，提高劳动者素质和技术技能水平，促进就业创业，建设教育强国、人力资源强国和技能型社会，推进社会主义现代化建设，2022年4月20日，第十三届全国人民代表大会常务委员会第三十四次会议对《中华人民共和国职业教育法》进行修订。

新时代，要深入贯彻落实《教育强国建设规划纲要（2024—2035年）》，推动加快建设职普融通、产教融合的职业教育体系，培养大国工匠、能工巧匠、高技能人才。大力宣传职业教育体系建设改革成效，展示职业教育服务国家战略需求、服务区域经济社会发展和服务人的全面发展的主要成果。大力弘扬劳动光荣、技能宝贵、创造伟大的时代风尚，营造关心支持职业教育的良好氛围，助力形成人才辈出、人尽其才、才尽其用的生动局面。

二、我国职业教育发展现状

（一）明确职业教育定位，从"层次"向"类型"转变

随着国家对教育投资的逐年增加，以及职业教育重要性的逐步明确，相关政策的推动力度越来越大。2022年5月，新修订的《中华人民共和国职业教育法》正式施行，这标志着以立法方式明确职业教育是与普通教育具有同等重要地位的教育类型，为推动职业教育从"层次"向"类型"转变提供了法律保障。党的二十大报告提出"优化职业教育类型定位"，再次明确了职业教育的发展方向。职业教育的功能定位由"谋业"转向"人本"。作为一种特色鲜明的教育类型，我国职业教育改革进入新的阶段。近年来，职业教育招生规模大幅增长，中职、高职院校在人才培养规模上分别占我国高中阶段教育和普通高等教育的"半壁江山"。

（二）优化学科专业，注重高质量人才培养

当前，高职、中职、技校等传统职业教育机构对传统行业的人才培养体系进行了调整，同时增设了一批新的专业课程，以满足新兴就业市场对人才的需求。目前，中职、高职院校每年为国家培养约1000万名高素质技能人才；全国职业院校共开设1300多个专业，紧跟市场需求，不断调整优化，基本覆盖国民经济各领域。相关领域的课

程配套、专业设施以及实践性实训的优化，进一步提升了学生的综合素质，增强了他们的就业竞争力。

（三）落实产教融合，转型升级步入新阶段

我国职业教育正从政府主导逐步转向多元主体参与，从规模扩张转向内涵式发展，并由参照普通教育的办学模式转变为企业和社会深度参与、专业特色鲜明的类型教育。这一系列转变显著提升了新时代职业教育的现代化水平。

探索省域现代职业教育体系建设的新模式，打造市域产教联合体、行业产教融合共同体等举措，正在成为职业教育工作的亮点与重点。在全国范围内，在教育部和国家发展改革委的积极推进下，已有21个国家产教融合试点城市被认定，各地培育了4600多家产教融合型企业，初步形成了以城市为节点、行业为支点、企业为重点的产教融合推进机制。

校企通过产教融合的方式，消除合作的障碍，共同建设课程体系，注重培养学生的职业能力。此外，各企业还推出了丰厚的入学奖励、提供实习岗位等举措，切实推动职业教育进一步发展。

三、我国职业教育未来的发展趋势

（一）产教融合更为深入

产教融合是未来职业教育发展的必然趋势。国家将继续推动职业教育与行业深度融合，加大对优质职业教育资源的投入，并降低职业教育的招生门槛，使更多学生能够进入职业教育的培训体系。

（二）职业教育的“互联网＋”战略

随着信息时代的到来，互联网成为人们生活中不可或缺的重要组成部分。自2016年起，中国全面推广“互联网＋”战略。互联网技术的不断进步也给职业教育带来了深刻变革。未来，职业教育将建设更加完善的网络教学平台，利用互联网技术，通过多样化、现代化的教育方式，使职业教育更加贴近实际需求，有效提升学生的就业能力和职业素养。

（三）加强高水平职业院校建设

在未来职业教育的发展中，高水平职业院校的建设将成为一个重要方向。为培养一流人才、增强国家实力，高水平职业院校将成为政策扶持和资源倾斜的重点领域，有助于持续提升职业教育质量，为社会输送优秀的专业技术人才。

职业教育的发展现状与未来发展趋势逐渐引起社会的广泛关注和重视。展望未来，产教融合、“互联网＋”以及高水平职业院校建设等重要领域，需要全社会的努力。只有加强相关政策和配套制度的建设，强化师资队伍建设，不断完善职业教育的内在体

系，才能实现职业教育的良性发展，推动改革带来更加显著的效益。

此外，在未来职业教育的发展中，职业教育机构需要进一步注重培养学生的实践能力。目前，一些职业教育机构过于重视传授理论知识，而忽视了实践能力的培养，这与就业市场的需求不相符。因此，在未来的发展中，职业教育机构应当更加注重培养学生的实践能力，使学生能够更好地适应就业市场的需求，提升自身的就业竞争力。

总之，职业教育的发展见证了中国教育的进步与未来。职业教育在人才培养、就业市场和经济发展等方面发挥着举足轻重的作用。在未来的发展过程中，职业教育要更好地适应市场需求，努力实现良性发展，为中国的经济发展和人才支撑做出更大的贡献。

课后微实践

请同学们在课后前往本校的图书馆、校史展览馆，走访相关知情人士，或登录网上展览馆，通过沉浸式漫游体验，利用图文、视频等信息化资源，了解自己所在学校的发展历程，并形成报告（可以是Word文档、PPT文件，也可以利用视频展现）。

思政导学

社会生活中，存在着丰富多彩的专业、职业与行业。专业是我们理解世界的一把钥匙，职业是我们实现自我价值与追求的舞台，而行业则是我们奋斗的领域。

第四节　专业、职业与行业

课堂微体验

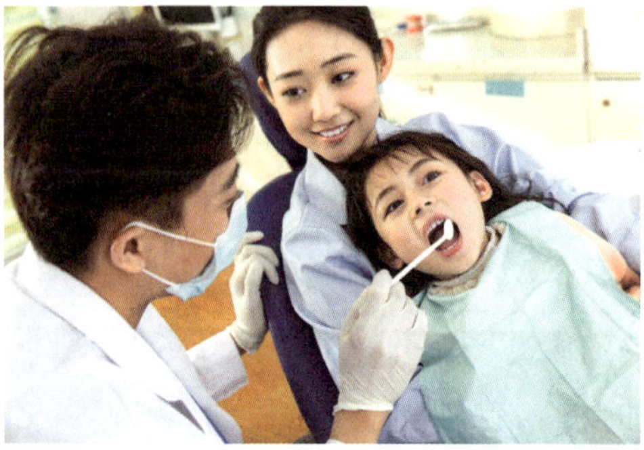

图2-6　不同行业的职业人

仔细观察图2-6，你能说出他们所属行业、从事的职业以及所学的专业吗？

专业、职业和行业是人们在社会中所从事的三种主要活动类型。它们具有不同的特点和发展趋势，对从业者的能力和素质提出了不同的要求。深入了解它们之间的关系和特点，有助于人们更好地规划自己的职业生涯。

一、专业、职业与行业的内涵

（一）专业

从教育的角度看，专业是为特定学科承担人才培养职能而设置的；从社会的角度看，专业是为了满足从事某类或某种社会职业的人才需求，而需接受相应训练设置的。从人才培养的供给与需求关系的角度看，专业有效连接了教育供给和社会需求。不同专业之间存在差异，使人们可以在各自的领域中发挥才能，追求兴趣和发展目标。

1. 什么是专业

广义的专业是指某种职业区别于其他职业的一些特定劳动特点。狭义的专业是指某些特定的社会职业。特指的专业是指高等学校等教育机构中的专业，即根据明确的培养目标设置于大中专学校及其相应教育机构的教育基本单位或教育基本组织形式。

2. 专业的种类和特点

专业种类繁多，涉及领域广泛。例如，医学、工程学、经济学等都属于专业。不同的专业具有不同的特点，包括知识体系、技能要求、课程设置及学科门槛等。这些特点决定了人们需要具备不同的能力和技能以胜任专业相关的工作。

3. 就业前景

专业的就业前景与该专业的知识体系和技能要求密切相关。一些具有广泛应用领域的专业，如计算机科学、工商管理等，其就业选择范围通常较为宽泛。而某些较为特定的专业，如天文学、考古学等，其就业则往往具有较强的针对性。

（二）行业

行业在市场竞争中追求利润和增长，通常具有相似的业务模式和经营策略。每个行业都有其独特的特点和优劣势，这使它们在市场竞争中表现出不同的竞争力。

1. 什么是行业

行业是指从事同类或相似经济活动的企业或组织的集合。它反映了一种经济形态，具有共同的经济利益和社会特征。例如，医疗行业、教育行业、信息技术（IT）行业等都是不同的行业。

2. 不同行业的区别

不同行业因其特点和优劣势而存在显著的差异，这使它们在市场竞争中表现出不同的竞争力。例如，科技行业通常需要较强的创新能力和较大的研发投入，而服务行业则依赖优质的客户服务和较强的操作技能。

3. 就业前景

行业的就业前景通常与该行业的发展趋势和市场需求密切相关。具有广泛应用领域且持续发展的行业，往往能够提供更多的就业机会。而一些面临衰退的行业，则可能出现就业机会减少的情况。

（三）职业

职业是个人谋生的主要方式，是人们获取生活资料的重要来源。离开职业，人们便难以维持生计。就业是指人们通过从事职业来获取必要的生活和生产资料，同时实现人生价值的过程。职业的构成要素包括职业特征、职业能力、职业道德和职业规范等。

1. 职业的构成要素

（1）职业特征。职业特征是指不同职业间的差异性，包括职业的性质、工作内容及工作环境等方面。不同职业的特征各不相同，因此所需的能力和素质也会有所差异。

例如，医生的职业特征包括具备医学知识和技能、在医院或诊所等医疗机构工作、面对各种疾病和病人，以及具备责任心和良好的职业道德等。而程序员的职业特征则包括掌握计算机知识和技能、在公司或团队中开发软件或网站、解决各种技术难题和满足客户需求，以及具备创新能力和团队合作精神等。

（2）职业能力。职业能力是指从事特定职业所需的技能、知识和经验。不同职业对职业能力的要求各不相同，职业能力的提升能够有效提高工作效率和职业竞争力。

例如，销售人员需要掌握市场营销知识和技能，了解产品特点和客户需求，并具备良好的沟通能力和销售技巧；教师则需要掌握教育学知识和技能，了解学生的心理和行为特点，并具备优秀的教学能力和学生管理能力。

(3) 职业道德。职业道德是指在特定职业中应遵守的道德规范和职业操守。职业道德不仅是职业发展的重要基础，也是职业形象的核心组成部分之一。

例如，医生需要遵守医德医风，尊重病人的隐私权，不得泄露病人的病情和治疗方案；律师需要遵守法律法规，维护客户的合法权益，并严格遵守职业操守和道德规范。

(4) 职业规范。职业规范是指特定职业中需要遵守的行为准则。它不仅是职业发展的保障，也是职业形象的重要组成部分。

例如，会计师需要严格遵守会计准则和财务工作规范，确保财务报表的真实性和准确性，绝不能做假账或违反职业规范与道德准则。建筑师需要遵守建筑规范和安全标准，以确保建筑物的安全和稳定，同时不得违反职业规范与道德准则。

虽然不同职业之间存在差异性，从业者需要具备不同的能力，但遵守职业规范和道德准则始终是职业发展与职业行为的基础及保障。

2. 不同职业间的区别

不同职业具有各自的特点和发展路径，对从业者的能力和素质有不同的要求。例如，医生需要具备丰富的医学知识和娴熟的临床技能，而律师需要掌握全面的法律知识和熟练的诉讼技巧。

3. 就业前景

职业的就业前景与市场需求、从业者的能力和素质等密切相关。具有广泛应用和持续发展前景的职业，如数据分析师、人工智能工程师、健康管理师等，往往具有更好的就业前景。而一些面临衰退的职业，如传统手工业、出版业等，则可能就业机会较少。

二、专业、职业与行业的关系

虽然“专业”“职业”“行业”在定义和内涵上有所区别，但它们之间存在着密切的联系。具体来说：

（一）专业是职业与行业的基础

通过专业的学习和实践，人们可以掌握某一领域的专业知识与技能，从而具备从事相关职业或行业的资格与能力。

（二）职业是专业的具体应用

人们在选择职业时，通常根据自己的专业背景和兴趣做出决定。同时，职业是将专业知识与技能转化为实际工作的桥梁。

（三）行业是职业与专业的集合体

同一行业内的职业通常需要相似的专业背景与技能，这些职业通过提供产品或服务来满足社会需求。

在我们的日常生活中，职业与行业的关联是不可或缺的一部分。它不仅影响我们的职业发展，也关系到整个社会的进步与发展。因此，我们需要更加关注职业与行业的关系，积极探索和创新，以推动职业的自我实现、行业的繁荣以及社会的和谐发展。

1. 职业的自我实现与行业的繁荣

在当今社会，许多职业人士将自我实现视为工作的动力源泉。他们追求卓越，挑战自我，不断寻求成长与进步。这种追求不仅使他们在行业中崭露头角，也推动了行业的繁荣与发展。

以软件开发为例，许多程序员在追求技术突破的过程中，推动了人工智能、大数据等前沿技术的发展。他们的努力不仅为行业创造了巨大价值，也为自身赢得了职业成长和荣誉。同时，这些前沿技术的发展也催生了更多职业机会。

2. 行业的需求与职业的发展

行业的需求是职业发展的重要推动力。随着行业的不断壮大和变化，其对专业人才的需求也在持续调整。这种变化给从业者带来了更多的发展机遇和挑战，同时也让他们拥有了更多的选择与可能性。

以医疗行业为例，随着人口老龄化的加剧和人们健康意识的提升，医疗行业的需求日益旺盛。这给医护人员、医疗设备研发人员等带来了更大的发展空间。同时，这些从业者需要不断提升自身的专业技能和知识，以应对行业的持续变化和挑战。

3. 职业与行业的互动和共存

职业与行业间存在着相辅相成、相互塑造的关系。一方面，职业人士需要不断适应行业的变化与发展，不断提升与丰富自身的技能和知识；另一方面，行业需要尊重并支持职业人士的成长，为他们创造更多的发展机会和空间。

在未来的发展中，职业与行业间的互动和共存将更加紧密。我们需要更加关注职业与行业的关联，推动职业人士与行业共同成长和发展。只有这样，才能实现职业的自我实现、行业的繁荣以及社会的和谐发展。

课后微实践

探索以下关于你所学专业或某个感兴趣专业，并完成相关具体任务。

专业十项	具体任务
这个专业是什么？	专业的定义是什么？各个机构、大师对专业的定义是什么？你的看法是什么？
这个专业学什么？	都有什么课程？有哪些领域？有哪些分支？各个领域的大师是谁？其主要理论有哪些？
这个专业的优势院校有哪些？	国内外的一流学校和院系，你所了解的大师是谁？其在哪个城市？其核心特色是什么？
这个专业的社会价值有哪些？	这个专业对社会和生活有哪些作用？
与这个专业相关的专业有哪些？	与这个专业相关的专业名称是什么？其具体都研究什么？
从这个专业毕业有哪些就业出路？	从这个专业毕业后能做的工作有哪些？不同的就业出路有什么具体要求？
哪些成功人士学过这个专业？	哪些成功人士学过本专业？他们现在的成就是什么？他们学这个专业时有什么特别的方法和故事？
本专业学习的圈子都有哪些？	有哪些图书馆、网站、论坛、博客、QQ群、报刊、课程等是这个专业一流的学习资源？它们的特色是什么？你怎样能享受这些资源？
别人对这个专业的看法是什么？	学过的人、学好的人、专家、学者、企业、社会等对这个专业的看法和评价是什么？
自己对这个专业的看法是什么？	在整理之后，自己的看法是什么？具体包括对各项任务的看法，最终总结一个自己的独特看法。

3

职业品质

第三章

引　言

在现代社会中，一个人一生的大部分时间都在职业中度过。职业生涯是人生的重要组成部分，是个人知识和经验逐渐积累、丰富与完善的阶段，也是个人最具活力和创造力的时期，被称为人生的黄金阶段。在职业生涯中，职业品质贯穿始终，并始终作为职业发展的重要因素。

职业品质是一个人在职业行为和作风中所表现出的思想、认识、品性等相对稳定的倾向和特征。培养职业品质对中职生的就业、职业适应及职业发展起着举足轻重的作用。中职学校应坚定不移地贯彻素质教育，促进学生全面发展，培养学生良好的思想品质和高尚的品格，使其具备适应社会和服务社会的能力，同时锤炼他们克服困难、迎接挑战的坚强意志。唯有具备这些优秀的职业品质，学生才能实现命运的改变，创造人生价值。

本章将从爱岗敬业、积极主动、吃苦耐劳、责任意识和品格训练五个方面，全面探讨中职生职业品质的培养路径。

阅读与思考

招聘人才广告

××人才网为配合新业务启动及网站推广，现急需招聘新员工。应聘者须具备以下特征：

（1）年龄需在18周岁以上，有志青年均可报名，男女不限；

（2）你不是一个安于现状、不求上进的人；

（3）人活着就会有压力，我们希望你能承受一定的工作压力；

（4）“吃苦耐劳”虽然是句老话，但我们认为这是销售人员必须具备的基本素质；

（5）我们相信团队的力量是不可战胜的，因此你要有较强的团队意识，能够服从团队的合理安排和指导。

以上特征如果你确实都具备，或者能够对不足的地方进行调整，那么请尽快联系我们，我们随时欢迎你的加入（图3-1）！

作为一名中职生，这则招聘人才广告给你带来了什么体会？你觉得自己已经具备哪些优秀的职业品质？

图3-1　招贤纳士

思政导学

我们对待每一份工作，都应该报以最诚实和敬业的态度。唯有如此，我们才能在事业上取得成就。

第一节 爱岗敬业

一、爱岗敬业是职场美德

相关链接

无私奉献的时代英雄

【2020年度感动中国人物颁奖词】

步履蹒跚与时间赛跑，只想为患者多争取一秒；身患绝症与新冠周旋，顾不上亲人已经沦陷。这一战，你矗立在死神和患者之间；那一晚，歌声飘荡在城市上空，我们用血肉筑成新的长城。

2020年伊始，新型冠状病毒感染疫情突袭而至。一时间，震惊与恐惧接踵而至，举国上下开始了一场没有硝烟的抗疫战争。在这场战争中，涌现出无数英雄。金银潭医院是抗疫一线的重中之重，院长张定宇几年前被确诊患有渐冻症。他的双腿逐渐萎缩，走路已不再灵便。然而，他隐瞒了自己的病情，全身心投入新型冠状病毒感染疫情的防控工作。不幸的是，他的妻子也感染了病毒，但他顾不上照顾妻子，只能一心关注医院又收治了多少病人。在报道视频中，张定宇院长蹒跚的脚步是那样匆忙。他一边扶着扶手下楼，一边打着电话。他正在与时间赛跑，恨不得自己的双腿能奔跑起来。正如他所说："我是个好医生，但不是个好丈夫。我们结婚28年了，我也害怕，怕她的身体扛不过去，怕失去她！"别人眼中风风火火的铁血男儿，也因害怕失去挚爱而湿了眼眶。

每天睡眠不足两小时的张定宇，正在与病魔争夺时间。他说："我必须跑得更快，才能跑赢时间，把重要的事情做完；我必须跑得更快，才能从病毒手里抢回更多的病人。”“以后我可能会被固定在轮椅上，我现在为什么不多做一点?”张院长舍身忘我、无私无畏的爱民情怀，彰显了英雄的硬汉形象。在新型冠状病毒感染疫情防控的战场上，广大医务人员夜以继日、连续奋战。无数平凡却又伟大的英雄给了我们太多感动，坚定了我们必胜的信心，也感召我们共同担当。

张定宇和千千万万的医护人员（图3-2）在新型冠状病毒感染疫情防控的道路上不畏艰险、逆行而上，形成合力，为抗疫战争的胜利打下了坚实的基础。他们身上，有哪些值得我们学习和思考的地方?

图3-2 最美医生

爱岗敬业的内涵

1. 爱岗敬业是一种精神追求

爱岗敬业是爱岗和敬业的总称，是忠于职守的职业精神，也是职业道德的基础。爱岗是指热爱自己的工作岗位，热爱自己所从事的职业；敬业是指以敬畏、严肃、负责的态度对待工作和所从事的事业。工作人员应充分认识本职工作在社会经济活动中的地位和作用，理解本职工作的社会意义和道德价值，具备职业荣誉感和自豪感。在职业活动中，我们应以强烈的事业心、责任感和使命感投身工作。

2. 爱岗敬业是一种价值追求

人们寻找生命的真谛、追求人生的价值时，就会审视与思考自己的岗位和工作，并严格遵守职业道德，兢兢业业地做好本职工作。雷锋精神的一个闪光点便是爱岗敬业。雷锋是一名普通的战士，他像一颗永不生锈的螺丝钉，党把他“拧”在哪里，他就在哪里坚守岗位、发挥作用。执法为民的公安局局长任长霞忠于职守、踏实认真、一丝不苟，为维护社会治安和保护人民生命、财产安全默默奉献。从她身上，我们读懂了什么是敬业，什么是认真，什么是负责。“杂交水稻之父”袁隆平是新时代爱岗敬业的模范，是视科学为生命的科学家。他为了杂交水稻事业不断探索、不断实践，最终创造了农业科学上的奇迹。若不是对理想的执着追求，若不是对事业的深切热爱，若不是对岗位的高度敬重，他如何能够成为“杂交水稻之父”？

3. 爱岗敬业是一种最基本的职业道德规范

爱岗敬业（图3-3）需要严格遵守职业道德。作为最基本的职业道德规范，它是对人们工作态度的一种普遍要求，也是中华民族传统美德和现代企业发展的重要诉求。爱岗敬业是职业道德的核心。一个人是否有所作为，不在于他从事何种职业，而在于他是否尽心尽力地把所从事的工作做好。“三百六十行，行行出状元”是一种人生信念，也是一种永无止境的追求。一个人只有以应有的热情和全部的力量致力于自己所从事的职业，才能无愧于人生，无愧于社会。

图3-3 爱岗敬业

相关链接

爱岗和敬业的关系

爱岗敬业是“爱岗”和“敬业”的统称。二者相辅相成，互为前提，相互支持。

“爱岗”是“敬业”的基石，“敬业”是“爱岗”的升华。

爱岗离不开敬业，敬业则是以一种严肃、认真、负责的态度对待自己的工作，做到勤勤恳恳、兢兢业业、忠于职守、尽职尽责。在工作中，每个人都有自己的岗位，承担各自的职责与任务。一个人如果没有较强的敬业精神和工作责任心，就不可能做好本职工作。

爱岗是履行职责的基础，敬业是对岗位的深度践行。因此，我们要大力弘扬爱岗敬业精神，在平凡的岗位上脚踏实地，做好本职工作。

课堂微体验

在新型冠状病毒感染疫情防控期间，全国人民众志成城、齐心协力，打赢了这场没有硝烟的战争。请结合自身专业，谈谈你对爱岗敬业的理解和认识。

二、爱岗敬业的重要性

职场中存在三种类型的人：积极进取型、平庸安逸型和消极抱怨型。积极进取型的人最受欢迎并备受重视；平庸安逸型的人通常处于职场的中间层；而消极抱怨型的人则最不受欢迎，也最难获得重视。同样是朝九晚五的工作，有些人通过三五年的努力便晋升为公司的高级管理人员，十几年后甚至成功地创业，实现财务自由；而有些人却在一二十年后仍然停留在基层岗位，得过且过。因此，在职场中，我们应当秉持爱岗敬业的态度，努力成为积极进取型的人，不断提升自己的能力与素质。

在职场中，我们需要拒绝“差不多先生”的态度，无论任务大小，都应认真对待并尽力完成。爱岗敬业不仅是一份责任，还是一种积极的工作态度。胡适先生曾写过一篇传记体杂文——《差不多先生传》，文中以“差不多先生”讽刺那些对待事情不认真的人。如今，“差不多先生”依然存在于我们的职场，从未走远。

领导交给你一项工作，做到60分或许并不难，但这种态度既不会让领导表扬你，也不会让他责备你。然而，如果每天都以这种敷衍的方式工作，你的生命便会在平淡中悄然流逝。其实，把简单的事情做到极致就是不简单，把平凡的事情做到卓越就是不平凡。只有这样，你才能获得更多的机会去做更有价值的工作。“差不多”的工作态度，最终会毁掉你的职业前途。停止混日子吧，否则受伤害的只有你自己。用心工作、用脑子工作，珍惜每一分钟去积累经验和提升能力。爱岗敬业、努力奋斗，总有一天你会站在成功的巅峰。

相关链接

“混日子”伤害的是自己

有一个寓言故事：一棵苹果树第一年结了10个果子，但其中9个果子被人摘走了。它感到十分委屈，干脆自断经脉，不再努力结果。第二年，它只结了5个果子，但最后依然只剩下1个。“既然拼命生长和随便结果的结局都一样，那何必还那么努力？”苹果树这样想着，便更加心安理得地放弃了。然而，它忽略了一个事实：如果坚持努力，第三年、第五年它原本可以结出几十个，甚至几百个果子。时间是这个世界上最公平的东西，你选择浪费它，它便反过来浪费你。那些本可以让你变得更优秀的每一天，一旦错过便无法重来。每天比昨天多做一点，明天比今天精进一点，才是一个人实现成长的正确途径（图3-4）。

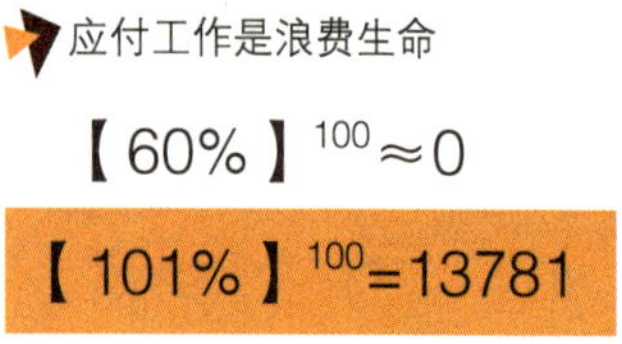

图3-4 应付工作是浪费生命

俗话说：“只有自己身上有碗筷，才能够始终有饭吃。”

课堂微体验

一家家具销售公司的经理安排了三位员工完成同一项任务：去供货商那里调查家具的数量、价格和品质。第一个员工5分钟后便回来了。他并没有调查，而是简单地向别人打听了一下供货商的情况，就回来做了汇报。第二个员工30分钟后回来汇报。他前往供货商处，了解了家具的数量、价格和品质。第三个员工90分钟后才回来汇报。他不仅到供货商处了解了家具的数量、价格和品质，还根据公司的采购需求，详细记录了供货商最有价值的商品，并与供货商的销售经理建立了联系。在返回途中，他顺便走访了另外两家供货商，了解了他们的商业信息，将三家供货商的情况做了详细比较，制定了最佳的购买方案。

思考：

如果你是公司经理，你会重用哪位员工？请结合自己的专业谈谈理由。

三、爱岗敬业的要求

（一）树立正确的岗位观念

干一行，爱一行。既然选择了这份工作，就应当真心热爱它，把本职工作视为自己的事业来经营。唯有如此，我们才能以饱满的工作热情和严谨的工作态度，全身心地投入本职工作，从而在平凡的岗位上做出不平凡的成绩。

（二）树立崇高的职业理想

理想是人生的奋斗目标，是对未来的自我期望。树立职业理想不仅有助于拓展职业的价值领域，还能够提升人生观和价值观的境界，服务于社会需求，追求长远利益。在就业问题上，我们应更多地考虑社会的需求，将个人的职业期望与社会的需要相结合，立足现实，面向未来。择业时，我们应以自身的能力和素质为基础，实现顺利就业。

（三）坚持积极的工作态度

积极向上的心态是做好本职工作的基础，也是推动我们不断前行的原动力。作为工作经验尚浅的年轻人，在工作中难免感到无助，常常对手头的工作产生怀疑，对人生选择感到迷茫，觉得未来充满不确定性。在这种情况下，一种积极的工作态度犹如一座指引方向的灯塔，能够帮助我们拨开迷雾，消除对工作的种种困惑。这样，不理解的情绪会逐渐消退，而新的工作热情会随之迸发。

（四）树立强烈的责任意识

责任不仅是对人生义务的勇敢担当，也是对生活的积极接受，更是对所承担使命的忠诚与坚持。强化责任担当，最关键的一点就是履职尽责。我们常说的“做好本职工作”，是对每位员工最基本的要求。认真完成工作任务，是员工的本分与职责。全体员工都应恪尽职守，追求精益求精，将实现工作目标视为首要任务，全身心投入工作。与此同时，我们要注重做好每一个细节，以工匠精神贯穿工作的全过程，将每个环节做到极致，力求完美无缺。

（五）提升爱岗敬业的必备技能

美国管理大师彼得·圣吉先生认为：“要想保持竞争优势，就要比竞争对手学得更快。”掌握科学的方法就等于找到捷径。如果每位员工都能拥有一技之长，不仅对个人发展大有裨益，而且对企业的成长意义重大。在市场竞争日趋激烈的今天，加强员工技能培训、努力开发人力资源，不断提升员工的技能水平，是企业又快又好发展的迫切要求，也是提升企业竞争力的有效途径。过去我们更多地感受到的是产品的竞争，而现在我们的竞争越来越转向人力资源的竞争。无论是对于企业还是个人而言，提升个人的素质和技能都是发展核心竞争力的必然要求。

相关链接

快递小哥李庆恒

伴随着新经济的飞速发展，劳动关系日益灵活化、工作内容越发多样化、工作方式更加弹性化，各类新就业形态不断涌现，快递员、外卖送餐员、网约车司机等新就业群体的规模也在持续扩大。作为城市运行不可或缺的“毛细血管”，他们为城市的高效运转贡献了智慧与力量。同时，他们也是一座城市的窗口，通过他们所感受到的尊重与善待，我们能够窥见一座城市的“温度”（图3–5）。

图3–5 快递小哥

杭州第二届“小哥节”现场迎来了三位代表，其中一位是李庆恒。2013年，李庆恒从老家安徽阜阳来到浙江，与许多在外地打工的年轻人一样，他希望凭借自己的双手闯出一条新路。2015年，他因机缘巧合成为一名快递小哥，一干就是七年。卸货、下车扫描、上传输带、分拣……这些构成了李庆恒每天的日常工作。这些工作虽然不复杂，但关键在于“速度快”。每天从早上五点多在岗位上就位，一直马不停蹄地忙到晚上十点多。2019年，李庆恒代表公司参加了浙江省第三届快递职业技能竞赛，并在“快递员”工种中荣获第一名，随后被浙江省人力资源和社会保障厅授予“浙江省快递技术能手”称号。2020年，他被评为杭州市D类高层次人才，并获得了第21届“全国青年岗位能手”称号。

被认定为D类人才后，李庆恒报考了杭州的一所大学，专门学习物流专业。他坚定地表示：“在任何岗位上，只要踏踏实实地工作，把自己的工作做精做细，最终会得到社会的认可，成为这个行业的优秀人才。”

课后微实践

社会调查：

以小组为单位，寻找当地的企业模范带头人，了解他们的创业故事，学习他们敬业拼搏的精神，并将调查结果撰写成调查报告。

思政导学

考虑一千次，不如行动一次。迈出第一步，才有可能获得自己想要的东西。对于想做的事情，只要有能力去做，就不要犹豫。失败者所缺乏的并非机会，而是积极主动的精神。

第二节　积极主动

人最宝贵的是生命，生命对每个人来说只有一次。这仅有的一次生命应该如何度过？是每当回首往事时，为自己虚度年华而悔恨，还是因为自己碌碌无为而羞愧，抑或能够自信而愉悦地说：“我一直努力让自己活得精彩。”在学习、生活和工作中，是选择碌碌无为，还是选择积极主动，这将决定人生价值能否实现。

一、积极主动的内涵

（一）主动

一般认为，主动是指在不依赖外力推动的情况下，通过自身的行动创造有利局面，使事情按照自己的意图发展。在这里，我们将一个人在主体意识的积极支配下，按照自己设定的目标自觉行动的品质称为主动。这种品质往往受个人的需求、动机、理想、抱负及价值观等因素的影响。人生本身就是一个主动追求与积极探索的过程。有人曾说，最令人鼓舞的事情莫过于能够通过主动努力提升生命的价值。

天行健，君子以自强不息。一个人只有自觉、自信，积极发挥主观能动性，才能在面对困难时迎难而上，抓住机遇，乘势而为，砥砺前行。可以说，主动不退缩、积极进取，是所有成功人士的秘密武器。主动的人，是思想上积极、行动上果断的人，也是善于规划人生、对自己负责的人。

（二）积极主动

积极主动是一种积极的态度，指采取主动行为，为自己的行动负责，依据原则和价值观，而非受情绪或外界环境的左右。它包含两层含义：第一层是指人们行事的态度；第二层是指人们在面对外界刺激时，能够自由选择回应方式的能力。积极主动者内心强大，拥有选择的权利。积极主动是通向成功的关键所在。我们应该拥抱主动性，深入思考，不断学习并适应变化的生活环境。在现实生活中，我们常听到这样一句话："机会总是留给有准备的人。"然而，有准备的人未必总能抓住这些机会，因为他们可能缺乏积极主动性。我们只有具备积极主动性，才能在激烈的竞争中脱颖而出，成为真正的成功者。

积极主动与消极被动，这两种态度对应着当下人们在"内卷"与"躺平"之间的选择，是两种截然不同的生活方式。积极主动者信奉"内因决定论"，认为人天生具备许多能力，如自觉、良知、想象力和自主意志。在面对外部刺激时，他们相信自己拥有选择的自由，并能通过努力创造奇迹。积极主动者的内心力量十分强大，能够主动掌控自己的命运。而消极被动者则持"外因决定论"，认为一个人的成功与否完全取决于基因、家庭、环境等外部因素，这些因素是不可改变的。因此，消极被动者在面对外部环境刺激时，只能被动回应，缺乏主动性。

"躺平"是近年来出现的一种社会现象，指年轻人因承受过大的压力、失去人生目标，或因对现实不满、不信任社会等，选择放弃努力，不再追求更高的职业理想和社会地位，而是选择安于现状，追求个人的生活与消费享受。"躺平"的根源在于对未来的迷茫以及对希望的缺失。每一代年轻人都有其独特的困境和压力，面对复杂的社会环境，年轻人中既有拼搏努力者，同时也难免有迷茫者与放弃者。然而，在这样的背景下，年轻人更应避免选择"躺平"。他们应当深入了解自己的内心需求，通过不断尝试和实践去探索自身的价值，找到适合自己的职业生涯路径，并明确定位自身的目标，努力找到属于自己的人生意义。

在生活中，只有积极主动，才能真正做自己。自己的人生自己做主，主动行事，无论结果是好是坏，都是自己的选择。只有主动的人生，才能更加美好。积极主动的态度是个人实现愿景的关键所在 。人应该对自己负责，为自己创造有利的机会。当外界出现刺激时，积极主动的人能够根据自己的价值观做出正确的选择。

相关链接

2021年度感动中国人物：江梦南

积极主动，乐观坚强，创造生命奇迹

2021 年度感动中国人物江梦南，在她3个月大时，一场普通的感冒发烧导致了极重度神经性耳聋，半岁时听力完全丧失。然而，父母没有放弃她。在父母的鼓励和帮

助下，她通过看口型和读唇语与他人交流。最开始，江梦南靠着反复抚摸父母的喉咙，感受声带的振动并练习发声。通常一个音节父母要重复上千次，她才能学会。从字、词到日常用语，她对着镜子学口型，摸着父母的喉咙学发音，通过读唇语学会了“听”和“说”。

请扫描二维码观看视频

在学校里，由于无法始终看到老师的口型，她只能通过观看板书和课后自学来跟上学习进度。聪明又好强的江梦南，凭借不服输的劲头，在自学完五年级的课程后，直接跳级升入六年级。从小到大，江梦南没有就读过特殊教育学校，而是一直在公立学校里接受教育。

在成长的过程中，她以张海迪为榜样，正是这种榜样的力量和前辈的奋发事迹激励了她，使她不断创造了一个又一个奇迹。

江梦南以615分的高分考入吉林大学药学专业，并顺利完成了本科和硕士研究生阶段的学业。之后，她被清华大学生命科学学院录取为博士研究生。

在清华大学求学期间，江梦南当选为清华大学学生无障碍发展研究协会会长。她积极筹备协会活动，组织参与无障碍论坛，举办无障碍理念体验活动……

江梦南通过多种方式，身体力行地向公众普及无障碍理念。正如她所说：“如果我能够做一些什么，让别人不再那么辛苦、那么艰难，这是一件很有意义的事情。”

感动中国人物江梦南颁奖词

你觉得，你和我们一样，我们觉得，是的，但你又那么不同寻常。从无声里突围，你心中有嘹亮的号角。新时代里，你有更坚定的方向。先飞的鸟，一定想飞得更远。迟开的你，也鲜花般怒放。

江梦南的故事带给我们深深的思考。正如她所说：“不是看到了希望才去坚持，而是坚持了才会看到希望。”

二、积极主动的重要性

（一）促进职业发展

从职业发展的角度来看，积极主动的员工更容易在职场中获得成功。他们不满足于现状，而是持续寻求提升和进步的机会。这种持续学习和进取的态度，使他们在职场中更容易获得认可和晋升。此外，积极主动的员工更具推动力，能够影响项目的进展，进而提升整个组织的绩效。因此，积极主动的工作态度不仅有助于提升个人的职业地位和影响力，还能为组织创造更大的价值。

（二）提高工作效率

从工作效率的角度来看，主动工作能够显著提升工作效率。在职场中，效率是衡量工作表现的重要标准。积极主动的员工通常能够更高效地完成任务。他们主动承担责任并积极寻找解决方案，使工作流程更加顺畅。同时，当问题出现时，他们会迅速采取行动解决问题，而不是等待他人的指示或反馈。这种态度不仅能够提升个人的工作效率，也能够带动团队的整体氛围，激发团队成员的积极性，从而提升整个团队的工作效率。

（三）促进个人成长

从个人成长的角度来看，主动工作是提升个人能力和积累经验的宝贵机会。积极主动地工作不仅有助于职业发展，还能促进个人成长。每一次主动承担任务，都是对个人能力的一次锻炼和提升。通过主动解决问题和迎接挑战，个人能够积累更多经验和技能。此外，主动工作意味着在工作中持续反思与学习，这对于个人能力的提升至关重要。通过坚持积极主动的态度，员工不仅可以不断提升自身的综合素质，还能更好地实现个人价值。

（四）营造良好氛围

从团队氛围的角度来看，积极主动的工作态度有助于创造和谐、高效的工作环境。在团队中，员工的工作态度往往相互影响。一个积极主动的员工能够带动周围人的积极性，从而营造出良好的工作氛围。这种氛围不仅能提升工作效率，还能增强团队的凝聚力。当大家都积极主动地工作时，团队的协作更为顺畅，创新思维更为活跃。此外，积极主动的工作氛围也有助于提升员工的满意度和忠诚度，从而增强组织的稳定性。

总之，主动的人更容易获得成功的机会。在日常生活中，人们通常喜欢积极主动的人。这样的人无须别人催促或监督，自己就能把事情做好；遇到问题时，他们会积极解决，而不是推卸责任。因此，他们更容易获得领导的赏识，进而拥有更多的机会。无论是对于个人还是组织而言，积极主动的工作态度都是获得成功的重要因素。

课堂微体验

测试你的主动性

1. 对于能够提升自己学习效率或工作效率的方法，你会（　　）。

A. 经常探索　　B. 偶尔尝试　　C. 从来没有

2. 当你遇到一个难题时，你会（　　）。

A. 绞尽脑汁去思考，甚至愿意尝试多种解法

B. 思考一会儿，如果想不出就放弃

C. 立即放弃

3. 在学习、生活和工作的某个阶段，你通常会（　　）。

A. 制定一个具体、明确的近期目标，并可能制定一个长远目标

B. 设想未来目标，但很模糊

C. 走一步算一步，船到桥头自然直

4. 对于一些不属于你分内的工作，你（　　）。

A. 很乐意承担　B. 无法推托时才会去做　C. 从不去做

5. 在日常工作中，你自己属于哪类人？（　　）

A. 无须主管或同伴提醒，就能出色地完成工作

B. 通常需要主管或同伴提醒两三次后才会行动

C. 不到万不得已，不会主动完成工作

说明：A—2分，B—1分，C—0分。

（1）分数为8~10分：你做事积极认真，是一个主动性很强的人。

（2）分数为5~7分：你有一定的主动性，但仍有提升空间。

（3）分数为0~4分：你可能表现出懒惰和拖延的行为，建议尽快调整自己。

三、积极主动的要求

（一）积极主动的人需要强化自我意识、管理好自己的情绪、保持积极的心态、同时建立良好的品德和道德观念

我们在做一件事情时，成败通常取决于是否积极主动（图3-6）。因此，工作态度往往决定一切，积极主动表现在工作中，就是勇于承担责任，有责任感、端正的工作态度；拥有积极进取的精神状态，树立良好的职业道德，培养良好的职业素质；认真地对待自己的工作，做到全力以赴。现代市场竞争更多的是人才的竞争，需要一种积极主动的精神，需要热情、努力与行动，这就要求我们以积极的态度对待工作、对待他人、对待生活。只有坚持积极主动的态度，我们才能承担责任，才能团结协作，才能开拓创新，才能应对各种复杂的问题。

图3-6 成功者的特质

（二）要提高工作的积极性，就需要给自己设定一个清晰的目标和计划

一旦确立目标，内心深处便会涌现出一种强大的力量，推动我们努力朝着既定目标前进。目标是一种希望，在希望的激励之下，人才能不断追求进步。有了目标，人才会产生压力，进而将其转化为动力，激发工作的积极性。那些办事高效的人，在行动之前通常会为自己设定一个清晰的目标。倘若缺乏明确的目标，人生便失去主题；没有明确的目标，人生便难以找到方向，更谈不上高效的行动与人生的成功。目标的制定对于计划的实施以及最终目的的达到至关重要，具有十分重要的指导意义。

（三）积极主动的人做任何事情都有始有终，坚持不懈

坚持不懈，意即坚持到底，毫不松懈，形容做事持之以恒，比喻有恒心、有毅力。其出自《清史稿·刘体重传》：“煦激励兵团，坚持不懈，贼穷蹙乞降，遂复濮州。”伏尔泰曾说：“要想在这个世界上获得成功，就要有坚持到底的信念，剑至死都不能离手。”在现实生活中，许多人之所以无法取得成功，不是因为他们能力不够、热情不足，而是因为缺乏坚持不懈的精神。他们在工作中往往三心二意、半途而废。其实，无论我们从事什么职业、工作多长时间，都应抱着一种善始善终的态度去做事。这不仅是职业道德的体现，也是我们自身人格魅力的展现。积极主动的人会以积极的态度思考问题，并从不同角度加以审视，不断开拓新思路，善于创造性地寻找解决方案。

相关链接

执着的应聘者

一位刚毕业的女大学生到一家公司应聘财务会计工作（图3-7）。面试时，由于公司希望招聘具有丰富工作经验的资深会计人员，她遭到了拒绝。然而，她并没有因此灰心离开，而是诚恳地对主考官说：“请再给我一次机会，让我参加笔试。”主考官拗

不过她，同意让她参加笔试。结果，她顺利通过了笔试，最终由人事经理对其进行复试。

图3-7 求职应聘

由于这位女大学生的笔试成绩出色，人事经理对她颇有好感。然而，女大学生坦言自己没有工作经验，唯一的会计经历是在学校负责学生会的财务管理。这让人事经理有些失望，因为他们需要的是有经验的财务会计。无奈之下，人事经理对她说："今天的面试就到这里，如果有消息，我会打电话通知你。"

女大学生从座位上站起身来，向人事经理点了点头，然后从口袋里掏出一元钱，双手递给人事经理："不管我是否被录用，都请您给我打个电话。"人事经理从未遇到过这样的情况，一时愣住，但很快回过神来，问道："你怎么知道我们不会给没录取的人打电话呢？""您刚才说了，有消息就打，这意味着如果没录取就不会打了。"人事经理对这个年轻的女大学生产生了浓厚的兴趣，继续问："如果你没被录取，我打电话的话，你希望了解些什么呢？"

"请告诉我在哪些方面我不符合公司的要求，在哪些地方我需要改进。"女大学生微笑着说，"给没有被录取的人打电话不属于公司的正常开支，所以应该由我来支付电话费，请您一定打电话。"

人事经理立刻微笑着说："请把这一元钱收回。我不会打电话了，因为我现在正式通知你——你被录用了，明天就可以来上班。"就这样，这位女大学生用一元钱敲开了机遇的大门。

故事启示：一开始，这位女大学生就被拒绝。如果她没有积极主动的心态，没有坚毅的性格，没有诚信的表现，没有敢于承担责任的上进心和明确的目标，她就不可能得到人事经理的认可。她的表现让人事经理认为她具备财务人员应有的品行，因此破例录取了她。

无论我们想做什么，都要把握好适当的分寸和尺度。一旦错过最佳时机，可能会一无所获。因此，并非所有的拒绝都会将我们拒之千里之外，也并非所有的拒绝都否定了我们的能力和实力。拒绝或许是在考验我们，同时也在磨炼我们的心志，甚至可能在暗示我们前方隐藏着更大的转机。

课后微实践

企业调研活动：走进企业，提升你的积极主动性。

活动准备：活动计划书、调研任务清单。

活动场地：与学校合作的相关企业。

活动目标：引导学生走进企业，积极主动地与工作人员交流，深入了解企业的工作日常、工作流程、岗位内容及岗位要求。

任务要求：

(1) 根据任务清单的具体要求，小组成员对相关岗位的负责人或员工进行访谈和调查，制定并完善调研提纲。

(2) 在每组完成相关工作调研任务的基础上，邀请企业代表参与各小组的交流分享活动，最终汇总形成岗位能力清单和调查报告。

(3) 对照岗位能力清单，在学习和实训过程中严格要求自己，主动提升职业素养和综合能力。

思政导学

无数成功人士的经历表明，青年时期选择吃苦，就等于选择了收获；选择奉献，就等于选择了高尚。青年时期多经历一些摔打、挫折和考验，有助于铺就一生的成功之路。

第三节　吃苦耐劳

吃苦耐劳是一种优秀的品质，无论是身处富裕还是贫困的环境，都应坚持这一品格。吃苦耐劳已成为21世纪最具竞争力的人才要素之一，也是个人成功的重要条件。

孟子曾言：“故天将降大任于斯人也，必先苦其心志，劳其筋骨，饿其体肤，空乏其身，行拂乱其所为，所以动心忍性，曾益其所不能。”新时代的企业对现代化人才的要求是，其不仅需具备专业能力，还需身心健康，并拥有吃苦耐劳的优秀品质。培养吃苦耐劳的品质，是个人迈向成功的重要基石。

相关链接

悬梁刺股

“悬梁刺股”这个成语由两个故事组成，分别是孙敬的“头悬梁”和苏秦的“锥刺股”，用来形容刻苦学习、发奋读书。

东汉时期，有一个人名叫孙敬，是著名的政治家。他年轻时勤奋好学，经常关起门来，独自不停地读书。从早到晚，他常常废寝忘食地学习。由于长时间读书，他感到非常劳累，但仍然不愿休息。时间久了，他疲倦得直打瞌睡。为了不影响自己学习，他想出了一个特别的办法。古时候，男子留长发，他找来一根绳子，将绳子一头绑在自己的头发上，另一头牢牢地绑在房梁上。当他读书疲劳、头低下打盹时，绳子会牵住头发，拉扯头皮使他感到疼痛。他因此立刻清醒过来，继续投入学习。

战国时期，有一个人名叫苏秦，是一位著名的政治家。年轻时，由于学识浅薄，他曾到许多地方谋求职位，却都不受重用。回家后，他下定决定，发愤图强，常常读书到深夜，但由于过度疲惫，时常打盹，甚至想直接睡去。然而，他想出了一个办法：准备一把锥子，每当打瞌睡时，就用锥子刺一下自己的大腿。突然的疼痛让他猛然清醒，于是继续读书。

“悬梁刺股”的故事启示我们：吃苦耐劳是中华民族的传统美德，也是年轻人应具备的重要品质。拥有吃苦耐劳的精神，是一个人成就事业的基本条件。

一、吃苦耐劳的内涵

那么，什么是吃苦耐劳呢？吃苦耐劳是指能够承受艰苦的生活，并经得起繁重的劳累。周恩来在《目前形势和新四军的任务》中指出：“我们新四军能吃苦耐劳，不怕困难。”吃苦耐劳指的是，人们在学习、工作和生活中，能够忍受艰辛和困难，毫无怨言，勇于承担责任的品质。

吃苦耐劳的精神是一种传统美德。具备吃苦耐劳精神的人，在面对困难和挑战时，不畏惧、不退缩、不轻言放弃。他们努力坚持，不达目的誓不罢休，不仅增强了自己的心理承受力和适应力，也锻炼了自己的意志力。从某种意义上说，他们已经是成功者。

吃苦耐劳是一种优秀的品质，它能够帮助人们磨炼品格、挑战自我，从而实现自己的人生价值。几乎所有取得成就的人都具备这种品质。正所谓：“人不经历风雨，怎能见彩虹？”人没有吃苦耐劳的精神，又怎能在社会中立足？无论是努力学习的学生，辛勤劳作的农民，还是奋力拼搏的工人，他们都通过自己的努力，实现了人生价值与社会价值的统一。这种品质对于我们的人生而言，是一笔不可估量的财富。

相关链接

吃苦耐劳 乐于助人——张谦

要成为一名先进工作者，在各项工作中都应起到表率和带头作用。要埋头苦干、爱岗敬业，踏踏实实地做好本职工作。内蒙古电力（集团）有限责任公司乌海超高压供电分公司的张谦，就是这样一名优秀的员工（图3-8）。

图3-8 吃苦耐劳 乐于助人——张谦

输电是电力行业中最辛苦的工作之一，但张谦在入职时选择了它。巡线时，他总是选择最难走的路；检修时，他总是选择最累的任务。他从未抱怨过。2018年，他参与了所在部门的每一次线路验收和大型停电工作。在工作中，他积极主动地完成各项消缺任务，认真对待每一次作业。在生活中，他以优秀青工的标准严格要求自己，遵守各项规章制度，具备较强的输电线路运维和检修能力。尽管张谦参加工作没几年，但他已经成为新员工口中的“师傅”。新员工刚入职时，对于手中的工作一窍不通，遇到难题时总爱请教这个年轻的“师傅”。张谦在完成自己手头工作的同时，不厌其烦地帮助新员工梳理工作思路。在遇到难度较大的工作时，他手把手教新员工，亲自示范。在他的帮助下，新员工在专业技能方面取得了很大进步，并且熟练掌握了工作流程和重点事项。论水平和业务素质，他具有较强的事业心和责任感。

青年一代有理想、有本领、有担当，国家就有前途，民族就有希望。作为新时代好青年，张谦始终做到敢于担当、勇于奉献，为乌海超高压的蓬勃发展贡献青春、智慧和力量。作为新时代好青年，我们要努力学习、吃苦耐劳、练就本领，时刻准备着为祖国贡献自己的力量。

二、吃苦耐劳的重要性

（一）吃苦耐劳是衡量一个人品质的重要标准

吃苦耐劳不仅体现了一个人的坚韧、毅力和决心，还在多个方面对个人成长和成功产生深远的影响。随着社会的进步和生活条件的不断改善，许多学生的家庭条件日渐优越。然而，一些父母在教育方式上存在问题，导致孩子养成了“好吃懒做”的不良习惯，缺乏吃苦耐劳的精神。部分中职生在中小学阶段从未经历过学习的艰辛。经过短短三年的职业学校学习后，他们很快步入社会，却常因难以适应社会节奏而遭遇挫折。一些刚进入企业的学生，虽怀揣着一展宏图的理想，但很快因无法吃苦而选择辞职，或者被企业淘汰。

（二）吃苦耐劳是个人良好品德的体现

一个优秀的员工必须具备吃苦耐劳的精神。意志坚强、不畏困难、百折不挠、开拓进取是优秀品质的具体表现，而这些品质唯有通过艰苦的磨炼才能得以塑造。吃苦耐劳的精神不仅能给企业带来业绩的提升和利润的增长，也能给个人带来宝贵的知识、技能和经验，同时创造财富。

吃苦耐劳是中华民族的传统美德，也是一个人走向成功、成就事业的重要途径。尤其对于青年人而言，吃苦耐劳是应当具备的基本优良品质之一。从现实生活中我们可以看到，那些在工作中受到领导重视、赢得同事尊重，并在事业上取得重大成就的人，无一不是脚踏实地、兢兢业业、吃苦耐劳的实干者。

（三）吃苦耐劳是成功的秘诀

做任何事情想要获得成功，都必须经过奋斗和努力。实践证明，吃苦耐劳不仅是为了得福，还是健康成长的重要保证。法国教育家卢梭曾说：“你知道用什么方法可以使你的孩子成为不幸的人吗？那就是对他百依百顺。”中央电视台著名节目主持人白岩松也曾说：“你舍不得让孩子吃苦，这个世界就会让他更苦。”

课堂微体验

脚踏实地练技能

在一期访谈节目中，主持人问一位钢琴家：“在忙碌的日程中，您能保证每日练琴吗？”钢琴家回答：“我每天都要练。如果工作结束得很晚，那也要练。不练琴基本上等于是慢性自杀。”技能训练必须脚踏实地，不能浮躁。有效的技能训练应从最初的基本功开始，一点一滴地刻苦训练，从而迈向成功之路。

每位同学都应根据自己所学的专业（如酒店管理专业的托盘训练、烹饪专业的颠锅练习等）苦练基本功。每天要督促自己完成任务，并绘制表格进行记录。

三、培养中职生吃苦耐劳的品质

（一）在专业教学中培养学生吃苦耐劳的品质

很多人认为职业教育就是加强专业知识的教育，让学生掌握一门谋生的技术。然而，随着社会的发展，新时代的职业人不仅需要深厚的专业知识和技能，还需要高尚的职业精神和较高的人文素养。因此，学校应该加强对学生认知、意志和情感方面的教育，培养学生吃苦耐劳的品质，使其真正成为新时代的职业人。

（二）在学习和生活中培养学生吃苦耐劳的品质

老师和父母经常教育我们：“吃不了学习的苦，就要吃生活的苦！”无论是学习还是生活，都不是一件容易的事情，都需要我们坚强的意志力和顽强拼搏的精神。要想在学习上取得好成绩，需要付出汗水和泪水，吃苦耐劳是取得优异成绩的前提。首先，要帮助学生树立明确的人生目标，理解学习的重要性。其次，要培养学生学习兴趣，提高学生学习的内驱力。最后，要培养学生持之以恒、努力拼搏的毅力。

（三）在实训中培养学生吃苦耐劳的品质

实训是职业学校培养学生职业能力和职业素养的重要手段，也是锻炼学生吃苦耐劳精神的绝佳机会。国有国法，校有校规，学校的实训有严格的管理制度，企业的实习也有明确的规章制度。每位学生都应坚守自己的工作岗位，按时且保质保量地完成任务，做到不怕脏、不怕苦、不怕累，努力工作，精益求精，高效完成学校和企业安排的实训任务。

（四）在校园文化活动中培养学生吃苦耐劳的品质

部分中职生由于在学习文化知识方面能力较弱，对学习失去信心，因此我们需要开展丰富多彩的校园文化活动，如校园文化节、演讲比赛、体育比赛、征文比赛、社团活动以及创建文明校园活动等，以此培养他们吃苦耐劳的精神。

在探索培养中职生吃苦耐劳品质的过程中，我们应大胆且细致地进行实践，在全校营造良好的教育氛围，进一步改进班风、学风、校风，促进学校的德育工作不断创新和发展，使学校发展提升到一个新台阶，同时培养出符合社会发展需要、用人单位欢迎、不断发展的高素质技术人才。

课后微实践

分组查找资料，寻找你所学专业领域内吃苦耐劳的成功人士，分析其成功的原因，以及对自己的启示。

要求：

（1）每组推荐一位代表人物，小组成员需撰写一段推荐词，并在班会上向其他同学介绍。

（2）全班进行投票，选出公认的三位吃苦耐劳的榜样，并总结这些榜样所体现的精神。

思政导学

展望未来，我国青年一代必将大有可为，也必将大有作为。这是“长江后浪推前浪”的历史规律，也是“一代更比一代强”的青春责任。广大青年要勇敢肩负起时代赋予的重任，志存高远，脚踏实地，努力在实现中华民族伟大复兴的中国梦的生动实践中放飞青春梦想。

——习近平总书记在同各界优秀青年代表座谈时的讲话

第四节 责任意识

责任意识是一种自觉意识，也是一种传统美德；责任意识是一种能力，是能力的体现；责任意识是一种精神，更是一种品格。责任意识是使命的召唤，是能力的体现，是制度的执行。只有能够承担责任、善于承担责任、勇于承担责任的人，才能提升人生的境界，才能把职业做成事业。一个人成功的重要因素不仅包括智商、领导力、沟通技巧等，还包括责任意识。

相关链接

最美司机

吴斌是杭州长运运输集团有限公司客运二公司的大客司机，负责往返于杭州与无锡之间的线路。2012年5月29日中午，他驾驶一辆大型客车从无锡返回杭州，车上载有24名乘客。在客车正常行驶途中，一块大铁片突然从天而降，击碎挡风玻璃后砸向吴斌的腹部、胸部等部位。监控画面记录了当时突发的一幕，全程共76秒。

在被击中的瞬间，吴斌本能地用手捂住腹部，显得十分痛苦。然而，他并没有紧急刹车或猛打方向盘，而是强忍剧痛，让车辆缓慢减速，并稳稳地将其停在路边。他随后打开双闪灯，拉好手刹，解开安全带，挣扎着站起身，打开车门疏散乘客。他还回头安抚受到惊吓的乘客，叮嘱道："别乱跑，注意安全！"完成这一切后，吴斌瘫坐回座位。最终，车上的24名乘客均安然无恙，而48岁的吴斌却因伤势过重抢救无效，不幸逝世。

"最美司机"吴斌之所以有如此出色的表现，是因为他平时就重视手中的方向盘，视其为生命线。他近10年来已经安全行驶100万千米，相当于绕地球近30圈，却从未发生过一起交通事故或旅客投诉。据处理事故的民警介绍，大客车刹车、拖印都是笔直的，一个肝脏被突然刺破的司机能稳稳地停车是非常难的，一般的司机可能会直接冲下路基。

平凡之中见真情，危难时刻见伟大。吴斌用生命诠释了坚守岗位、尽职尽责的职业精神，展现了珍爱生命、关爱他人的奉献精神，他是自觉践行社会主义核心价值观的道德楷模。

一、责任意识的内涵

（一）责任

"责任"一词最早出现在《新唐书》中："观太宗之责任也，谋斯从，言斯听，才斯奋，洞然不疑。"从字面上理解，责任有两层意思：一是应尽的义务，分内应做的事；二是应承担的过失。责任是一种职责和任务，是身处社会的个体成员必须遵守的规则和条文，带有强制性。责任产生于社会关系中的相互承诺。在社会的舞台上，一种角色往往意味着一种责任。

（二）责任意识

责任意识是一个人在所属群体中劳动时所体现出的行为规范自觉性以及对承担任务的态度。这是一种非常重要的非智力因素，也是一个人至关重要的人格品质。责任意识既是一种自觉意识，也是一种传统美德；是一种精神，也是一种品格。责任意识就是对自己可能并不喜欢的工作，毫无怨言地承担，并认认真真地做好。

古往今来人们非常重视对责任意识的培养。古有岳飞“精忠报国”，强调的是热爱国家的责任；诸葛亮“鞠躬尽瘁”辅佐刘备及其子，是勇于承担谋士的责任；汉文帝刘恒“亲尝汤药”，是恪尽孝道的责任。

好干部牛玉儒，中国共产党优秀的党员代表之一，以勤政为民、忘我工作的态度，诠释了“生命一分钟，敬业六十秒”；桥吊工人许振超，在普通岗位上创造出世界一流的“振超效率”；邮递员王顺友，二十年如一日，在大凉山用脚步丈量工作的苦乐；导弹司令杨业功，用赤胆忠心铸造了共和国的和平之盾；医学专家钟南山，在没有硝烟的抗疫战场中，敢医敢言……他们用实际行动诠释了责任意识的最高境界。从他们身上，我们感受到的是一种品格、一种情怀、一种境界，也是对国家、对人民、对事业的责任。

相关链接

钟南山的英雄事迹

请扫描二维码观看视频

“哪有什么岁月静好，只因有人在为你负重前行！”在新型冠状病毒感染疫情防控期间，我们看到了无数医务工作者和志愿者的辛勤付出与无私奉献。这一切，都是源于责任！有人说，他们是人，不是神。但在我们心中，他们就是神，是代表正义和善良的神。他们给予我们的温暖像一盏明灯，驱散黑暗。20多年前，在抗击“非典”的严峻时刻，作为中国工程院院士、呼吸病学的顶尖专家，钟南山院士说了一句掷地有声的话：“把重症病人都送到我这里来！”那年，他已经67岁，却始终奋战在前线，为中国最终取得抗击“非典”的胜利立下了卓著功勋。钟南山院士因此被评为2003年度“感动中国十大人物”之一。当时给他的颁奖词是这样写的：“面对突如其来的SARS疫情，他冷静、无畏，他以医者的妙手仁心挽救生命，以科学家实事求是的科学态度应对灾难。他说：‘在我们这个岗位上，做好防治疾病的工作，就是最大的政治。’这掷地有声的话语，表现出他的人生准则和职业操守。他以令人敬仰的学术勇气、高尚的医德和深入的科学探索给予了人们战胜疫情的力量。”

在新型冠状病毒感染疫情刚刚出现时，许多人还没有意识到病毒的凶险程度。他便以自己精深的专业素养，第一个告诉大家真相：“新型冠状病毒有人传人的危险，请大家没有特殊情况千万别去武汉！”然而，已经84岁高龄的他，毅然奔赴武汉，来到疫情最严重也最危险的第一线。在火车上，他一边吃着盒饭，一边研究疫情，后来实在太累了，靠在椅子上就睡着了。这幅照片感动了无数人，大家称赞钟南山院士是“逆行者”。

他们值得我们永远记住——记住他们疲惫的面容，记住他们逆行的背影，记住他们不朽的精神！

图3-9 最美团队

钟南山不仅以自己的专业，而且以饱满的热情，引领全国人民与新冠病毒赛跑，冲在抗疫斗争的最前线！他冲锋陷阵的背影展现了一种伟大的精神，这种精神叫“科学”“专业”“无畏”“担当”。当然，冲锋陷阵的不仅是钟南山，还有许多默默无闻的医护人员。他们既勇敢无畏，又无私奉献。他们同样令我们感动，也应被我们记住。我们虽然看不见他们的脸，也不知道他们的名字，但我们知道，是这些白衣天使顶着巨大的压力和危险奋斗在第一线，冲锋在这个没有硝烟的战场上。使命与责任让他们守护着武汉，守护着中国（图3-9）。

二、责任意识的现状与重要性

（一）中职生责任意识的现状

目前，广大教师和家长普遍感到，部分学生责任意识淡薄，尤其是中等职业学校的学生。其主要表现为：

1. 自我意识浓厚、个人责任淡化

现在的学生大多数是独生子女，他们是父母的掌上明珠，形成了以个人为主体，注重个人奋斗、个人发展的个人主义，自我意识较强，凡事以自我为中心，缺乏集体协作观念和服务、奉献精神。

2. 生活态度消极，缺少人生奋斗目标

部分中职生对他人、对父母、对社会缺乏感恩之心，学习积极性不高，厌学现象严重，混日子、混文凭的现象屡见不鲜，整日沉迷于手机游戏中，不知道该如何关心他人，尊重他人的劳动，导致他们对自己、对家庭、对社会缺乏应有的责任感。

3. 不能正确处理个人利益和集体利益的关系

一些学生平时以自我为中心，只考虑自己，不关心集体；只强调权利，却不履行义务；只注重眼前利益，而忽视长远利益，更缺乏对国家利益的关注。社会责任意识的薄弱，导致部分学生出现人格缺陷，在学校中表现为不愿意参与集体活动，对班级和学校事务漠不关心。当个人利益与集体利益发生冲突时，他们往往倾向于强调个人利益，忽视甚至舍弃学校责任和社会责任，从而导致个人责任与社会责任之间严重失衡。

（二）责任意识的重要性

1. 塑造良好品质

责任心是个人品质的重要体现，具有强烈责任心的人往往更值得信赖。在工作中，我们需要与同事、领导、客户等各类人群打交道。唯有具备较强的责任心，才能赢得他人的信任和尊重。一个具有较强责任心的人，不仅能够在工作中获得他人的认可，还能为自身的形象和声誉加分。

2. 提高工作效率

在工作中，每个人都需要承担一定的责任。我们只有具备较强的责任心，才能更好地完成工作任务。当一个人对自己的工作负责时，他会更加认真地对待工作，减少工作中的失误和疏漏，从而提升工作效率。这不仅能够为单位创造更大的价值，还能为个人赢得更多的职业发展机会。

3. 建立信任关系

在团队合作中，每个人都需要履行自己的职责，只有这样才能与他人建立起良好的信任关系。一个具有较强责任心的人，会时刻关注团队的整体利益，积极主动地承担自己的责任，与团队成员相互支持与配合。这样的人往往能够赢得团队成员的信任和尊重，从而形成稳定而高效的合作关系。

4. 促进职业发展

具有较强责任心的人在职场中更容易获得他人的认可和信任，从而争取到更多的职业发展机会。同时，这类人更能适应时代的变化和职业发展的需求，能够不断提升自身的能力与素质，从而在职场上保持竞争力。责任意识对个人的职业发展和人生道路都至关重要。

综上所述，每个人都应树立较强的责任意识，不断提升自己的能力和素质，为职业发展和个人成长打下坚实的基础。

增强学生的责任意识是素质教育的重要方面。责任是所有良好美德的表现和基础。中等职业学校应该重视培养学生的责任意识，将德育工作放在首位。必须从责任认知、责任情感和责任行为等方面综合施策，互相配合，真正提升学生的责任意识，为和谐社会的建设提供保障和动力支撑。

课堂微体验

古人有“吾日三省吾身”的传统，内省是一种重要的道德修养方法。结合自己的学习和生活，小组成员合作设计一张洗心帖，提出若干问题，坚持每天从这些方面深刻反省，检查自己的言行。

相关链接

中职生社会责任意识调查

亲爱的同学：

你好！

欢迎参加中职生社会责任意识的问卷调查。本问卷旨在通过各位对问题的回答，了解目前中职生社会责任意识的现状。问卷中的问题并无对错之分，请根据你最真实的状况和意见填写。回答结果保密，问卷采取无记名方式，仅供研究、分析，不作其他用途，敬请放心作答。

1. 请问你的性别是什么？

A. 男　　B. 女

2. 请问你在几年级？

A. 一年级　　B. 二年级　　C. 三年级

3. 上学期间，你参加过下列哪些活动？

A. 为希望工程捐款　　B. 义务劳动　　C. 为重病的同学捐款

D. 为灾区捐款　　E. 无偿献血，其他捐款、捐物

4. 你所理解的社会责任感指的是什么？

A. 致力于祖国建设事业　　B. 孝敬父母

C. 只要自己过得好　　D. 不拖累、不依赖别人

E. 没有具体的理解

5. 您觉得当代中职生是否缺乏社会责任感?

A. 是，非常缺乏　　B. 有一点缺乏　　C. 不了解，不清楚

6. 如果你的朋友要做的事你认为不对，违背社会公德，你是否会阻止?

A. 会，多次提醒

B. 会，但只是说说而已

C. 认为他有自己的看法，没有必要插手

D. 无所谓，只要自己不做就行

7. 你平时购物时是否自备购物袋?

A. 只有去商场、超市时才会备着，到那些提供免费购物袋的商店购物则不备

B. 一般不备购物袋，但会用自己的背包装，实在装不下才会索要塑料袋

C. 不管到哪里购物都不备购物袋

D. 经常使用塑料袋

8. 日常生活中，你是否保持一些节约资源的小细节，比如随手关灯、不把水龙头开太大、空调制冷温度总调在26 ℃以上?

A. 从不　　B. 偶尔　　C. 经常　　D. 总是

9. 看到有人践踏草丛，你会怎么做?

A. 及时上前制止

B. 觉得与自己关系不大，置之不理，自己不践踏就好

C. 会跟风，一起踩上去

10. 请问您如何看待在地铁、公交车上让座的行为?

A. 尊老爱幼，这是理所当然的行为

B. 个人选择，并非必须做

C. 视情况而定，必要情况（如老人腿脚不便、站不稳等）下才会让座

D. 完全没必要

11. 当你在公共场合看到行窃行为时，你会怎么做?

A. 装作没看见　　B. 悄悄提醒受害者

C. 直接制止该行为　　D. 被偷者是熟人才会去制止

12. 如果祖国需要你去服务大西北等不发达地区或基层，你会怎么做?

A. 会去，因为那里需要人才

B. 会去，因为有利于以后就业，对工作有帮助

C. 不一定去，那边环境恶劣

D. 不做考虑

13. 你认为帮助他人最大的意义是什么？

A. 奉献社会，实现自我价值　　B. 得到物质报酬

C. 得到心灵的坦然　　D. 其他

14. 你认为现在中职生责任感淡化的原因是什么？

A. 受自己心理的影响　　B. 受社会不良风气的影响

C. 家庭、学校教育的不重视　　D. 缺少对学生责任感的培养

E. 大众传媒的影响

15. 你认为下面哪些行为可以体现一名中职生的社会责任感？

A. 有文明的言行

B. 积极参加社会公益活动

C. 能主动制止不文明的行为

D. 时刻关心家事、国事、天下事

E. 其他

16. 你认为中职生还应该从哪些方面提升自己的社会责任感？

三、培养责任意识，实现人生价值

责任感是一种工作态度，是一种品质，更是一种追求。责任是发展自我的机遇和手段。中职生正处于青少年时期，其思想、个性和人生观处于形成的关键阶段。对于中职生来说，树立正确的“三观”，培养高度的责任意识非常重要。中职生应该从以下几个方面培养自己的责任意识。

（一）自我责任意识

中职生应对自己的学习负责、对自己的生活负责、对自己的生命负责。作为中职生，需要不断培养学习的责任感，主动投入学习，持续激发自主学习的动力，形成自主学习的心理习惯，提升自主学习的能力。此外，中职生应学会掌握生活技能，养成自理的习惯，增强自信心，勇敢面对当前的社会现实。

（二）家庭责任意识

家庭是哺育自己的摇篮，对家庭负责是每位家庭成员应尽的义务。中职生应懂得

体谅父母的辛劳，积极承担力所能及的家务劳动，以减轻父母的负担；要多与父母沟通，虚心听取他们对自己在学习、生活、思想和品行等方面的指导与建议，并在力所能及的范围内主动帮助、关心和照顾家人。

（三）集体责任意识

首先是对班级负责。中职生应认真遵守班规，努力学习，积极参与文体活动，并做好教室、宿舍及卫生区的清洁工作。其次是对学校负责。中职生应严格遵守校纪校规，积极为创造良好、和谐的校园环境出力，并认真参与校园文化建设，为集体发展贡献自己的力量。

（四）职业责任意识

作为中职生，必须从现在开始学习和培养基本的职业道德，提升敬业精神、端正工作态度，并注重团结协作、诚信守诺和忠于职守，以培养职业责任感。职业责任意识是每个职场人士应当具备的重要品质，通过增强职业责任意识，个体不仅能提升自身的职业素养，还能实现自我成长。明确职业目标和使命，树立高尚的职业道德，持续学习与提升自我，积极承担责任并追求卓越，同时与同事建立良好的工作关系，都是增强职业责任意识的重要方法和策略。因此，我们应当不断努力，培养并增强自身的职业责任意识，为企业发展和社会进步贡献更大的力量。

（五）社会责任意识

对社会负责，需要遵守社会公德和规则，自觉遵守国家法律法规。作为中职生，应从身边的小事做起，培养良好的道德品质和职业操守，积极参与社会公益活动，关心慈善事业。始终保持对社会负责的态度，树立“天下兴亡，匹夫有责”的责任意识，以实际行动为社会的发展和进步做出积极的贡献。

相关链接

培养学生的责任感是一项由家庭、学校和社会三方参与的系统工程。家长是责任感教育的主力军，要充分激发他们对家庭教育的深刻思考和固有热情；学校应将责任感的培养作为育人的核心任务，着力营造以责任为标志的学校文化氛围；社会是学生成长的舞台，应积极营造有利于学生健康成长的环境。因此，在对学生的教育中，家庭和学校可以综合利用社会资源，从多层次、多角度进行责任感教育。通过实践，形成一种稳定的行为方式与特征，才能真正培养学生的责任意识。因此，责任感的培养应重视实践环节，中职生应通过一系列社会实践活动，树立责任意识。

1. 家庭教育

家庭教育在培养学生责任意识方面发挥着至关重要的作用。父母应从小教育孩子学会承担责任，使他们明白自己的行为会对他人和社会产生影响。家长通过家庭教育，可以有效地培养孩子的责任感和独立性，为其未来的发展奠定坚实的基础。家长应树立正确的教育观念，注重在日常生活中培养孩子的独立性和责任意识。同时，家长需以身作则，成为孩子的榜样，积极引导他们树立正确的价值观和责任感。

2. 树立榜样

树立榜样是培养中职生责任意识的重要方法之一。在学校教育中，教师的一言一行都会对学生产生深远的影响。因此，教师应以身作则，树立良好的榜样，引导学生认识责任意识的重要性。同时，学校可以邀请优秀毕业生回校分享他们成功的经验，以激发学生的学习动力和责任意识。我们应积极寻找并学习这些榜样的优秀品质和行为，从而提升自身的责任意识。

3. 实践教学

实践教学是培养学生责任意识的另一种有效方式。学校可以通过组织多种形式的实践活动，让学生在亲身参与中体会承担责任的意义。例如，学校可以组织学生参与志愿服务活动、社区服务、企业实习等，让学生在实践中增强责任意识，锻炼实践能力。只有通过实践，学生才能真正理解责任的内涵与重要性。通过参与各类实践活动，学生能够学会承担责任、解决问题，并逐步增强自己的责任感。

4. 道德教育

道德教育是培养学生责任意识的重要手段之一。学校应加强德育教育，注重培养学生的道德观和价值观。学校通过开展多种形式的德育活动，使学生深刻认识到责任感在个人成长和社会发展中的重要性。中职生应树立正确的世界观、人生观和价值观，将个人的前途与命运融入中国特色社会主义的伟大事业；同时，应以服务他人、奉献社会为己任，将国家、集体和个人的利益有机结合起来，始终坚持国家利益、集体利益高于个人利益的原则；努力将职业目标与远大理想相结合，在自身岗位上忠实履行自己的责任。

5. 集体活动

集体活动是培养学生责任意识的有效途径之一。在集体活动中，学生需要相互协作、共同完成任务，从而培养团队合作意识和责任感。学校可以组织多种形式的集体活动，如运动会、文艺比赛等，让学生在参与过程中增强责任感和能力。

课后微实践

学校组织学生到企业进行“企业最需要什么样的毕业生”问卷调查，让学生真正了解企业需要什么样的员工，了解社会人才需求，明确自己的职业发展方向，为将来的事业发展奠定坚实的基础。

思政导学

品格可以决定人生，它比天资更重要。虽然品格难以定义，但它是人生中最具影响力的重要因素之一。

第五节　品格训练

南宋洪迈的《容斋随笔》中收录了一首七言绝句：“一点清油污白衣，斑斑驳驳使人疑。纵饶洗遍千江水，争似当初不污时。”品格是一个人最重要的素质之一，它影响我们的家庭、事业，甚至关系到一个民族的长久兴旺发达。

一、品格

（一）品格内涵

品格指的是一个人的品性和性格，也可以指文学、艺术作品的质量和风格，或者指物品的质量和规格等。品格是一个人的基本素质，它决定了这个人回应人生处境的方式。品格是指一个人形成的一整套社会道德操守，包括对待他人、对待事物、对待自己的态度。

（二）品格范围

人的良好品格主要包括：勤劳、善良、诚信、宽容、责任感、节俭、热情、乐于助人。

1. 勤劳

勤劳是一种美德，勤劳的人总是受人尊敬。勤劳的人通常具有更强的自律性和自我约束力，他们往往更容易取得成功，更有可能实现自己的目标。生活本身就是一种劳动，要想过上幸福的生活，就需要付出努力，这是一种我们必须肩负的责任。只有通过勤劳的付出，生活才能井井有条，家庭才能幸福、和睦。勤勤恳恳的人总比懒惰的人拥有更多进步的机会（图3-10）。高尔基曾说：“人的劳动是神圣的，勤劳是一种无形的财富。”

图3-10 勤劳的年轻人

2. 善良

善良是人类的一种重要品质，它表现为尊重、关心、理解和帮助他人，同时意味着自律、诚实、宽容和谦虚。善良是一个人应具备的重要品格之一。善良不仅有助于个人的生活和职业生涯，还能为社会和人类的发展做出贡献；善良的人可以给别人带来温暖和关怀，有时甚至可以挽救生命或改变人生。善良是建立良好的人际关系，促进心理健康，改善社会环境的重要品质。

图3-11 诚信

3. 诚信

诚信（图3-11）是对自己言行负责的一种态度，也是一种高尚的品格。诚信不仅是一种品行，也是一种责任；不仅是一种道义，也是一种准则；不仅是一种声誉，也是一种资源。就个人而言，诚信是高尚的人格力量；就企业而言，诚信是宝贵的无形资产；就社会而言，诚信是正常的生产与生活秩序；就国家而言，诚信是良好的国际形象。

相关链接

诚信简历

校园招聘结束后，某职业技术学校机电一体化专业的毕业生小涛收到了招聘单位的录用通知，他难掩心中的喜悦，说道："我本以为自己几门课程分数比较低，竞聘基本没戏，没想到招聘单位竟然会录用我。"原来，不少同学担心招聘单位会关注应聘者的学习能力，便在求职简历中刻意隐瞒低分课程的情况。个别同学甚至动起"歪脑筋"，在简历中弄虚作假，如购买假的技能等级证书、假的荣誉证书；从未参与过采访，却自称是"校报记者"……然而，招聘单位会通过学校核实简历的真实性。相比成绩和荣誉，他们更看重的是一个人的诚信品质。凡是存在欺瞒或造假行为的应聘者，将直接失去应聘资格。

学校招生处和就业处的负责人也表示，制作虚假简历是一种欺骗行为，而伪造简历以欺骗招聘单位是一种欺诈行为。即使双方已经签订劳动合同，用人单位也可以因此解除合同，而无须承担相应责任。制作"诚信简历"才是明智之选，理应得到推崇。

4. 宽容

宽容是一种非凡的气度，是对人、对事的包容与接纳。宽容是一种高尚的品质，是精神成熟的体现。宽容犹如仁爱的光芒，它既是对别人的释怀，也是对自己的善待。宽容是一种生存的智慧，也是一种生活的艺术，是在人生历练之后所获得的那份从容、自信与超然。

5. 责任感

在科技飞速发展的今天，信息传播的速度越来越快，模仿技术日益先进。一项好的技术问世，很快就可能被模仿。然而，有一样东西是无法被模仿的，那就是人的品质，或者说是人的责任感。责任感代表了一个人的品格，是一个人应当具备的基本素养，是健全人格的基础，也是家庭和睦、社会安定的保障。

6. 节俭

节俭是一种美德，也是一种习惯。节俭是中华民族的传统美德，无论是对家庭、社会，还是对国家而言，这种美德都具有重要意义。缺乏勤俭节约精神的国家难以繁荣昌盛；缺乏勤俭节约精神的社会难以长治久安；缺乏勤俭节约精神的民族难以自立自强。我们应当将节俭的习惯融入日常生活，把节俭的美德深植于思想，从而不断提升自身修养。

7. 热情

乔布斯曾经说过："如果每个人都以自己的热情去做事情，他就不会觉得累。"热情是续航力，是一种不达目的不罢休的追求；热情是积极主动的具体体现；热情是创造奇迹的催化剂。热情是一种难能可贵的品质。一个拥有工作热情的员工能够全身心投入自己的工作，这样的员工在工作中更容易受到重用，取得成功。

8. 乐于助人

帮助他人不仅可以建立良好的社会关系，还可以促进个人发展。乐于助人作为一种社会公德和良好品质的体现，成为人们推崇的行为规范。在工作中乐于助人，不仅可以帮助团队成功完成任务，而且可以增进人际关系，提高效率，提升工作满意度。乐于助人是一种积极向上的态度，可以使我们在职场上更具竞争力，让个人职业发展更加顺利。

二、品格的重要性

（一）品格决定个人的命运，是事业成功的基石

品格在当今社会中尤为重要。随着社会的发展和进步，人们的生活水平不断提升，追求也逐渐从物质层面转向精神层面。在这一过程中，一个人的品格至关重要。品格不仅是人与人之间建立信任的基础，也是个人在工作和生活中取得成功的先决条件。

（二）品格树立个人的道德观念，是精神追求的根基

在一个人的成长过程中，高尚的品格是塑造其性格的关键因素。一个人只有通过不断锤炼品格，树立良好的道德观念，才能在沟通、合作和人际交往中取得成功。高尚的品格能够帮助个人形成正确的价值观和人生观，从而实现精神层面的追求以及人生价值的提升。

（三）品格是人生最大的财富，是人生的指南针、动力源和支撑点

品格高于金钱，高于健康。"若失财产，一无所失；若失健康，略有所失；若失品格，一切皆失。"这是德国近代伟大的物理学家、量子力学之父普朗克的一句名言。孔子告诉我们："自古皆有死，民无信不立。"这句话充分体现了道德的力量高于生命本身的价值。

（四）品格是国家和民族发展的内在动力

一个国家的繁荣，不仅仅取决于它的国库是否殷实，不仅仅取决于它的城堡是否坚固，也不仅仅取决于它的公共设施是否华丽，而取决于公民的文明素养和民族品格。

一个国家，特别是大国，如果具备健全、高尚的民族品格，必然能够繁荣兴盛。一个国家的精神品格就是其公民的主流精神品格，它决定了国家的整体精神面貌。

课堂微体验

《中国的品格》一书中写道：“一个国家、民族的品格，是其文化的外化。”在国际舞台上，中国正以和平崛起的姿态展现自己。在经济高速增长的同时，如何保持自己的从容与独立？今天，在这样一个时代，作为未来的职业人，我们应当思考如何在自己的职业领域展示我们的品格。请以小组为单位开展探究，并展示成果。

三、品格训练

当今社会竞争日益激烈，人才是决定企业发展的关键因素。因此，每个单位都希望尽可能多地发现和培养人才。然而，什么是人才？我们强调德才兼备、德艺双馨，不能片面地认为能力强的人就是人才。能力固然重要，但品德更为重要。这里所说的“品德”是指一个人在做人和做事方面的品格。可以毫不夸张地说，品格决定了人才的成就。那么，品格训练的方法有哪些呢？

（一）注重道德修养

正确的人生观、价值观和坚守道德底线是一个人品格的根基，也是每个人必须具备的品质。要注重道德修养，就必须遵守社会公德、职业道德、家庭伦理等各种道德规范，坚持正确的行为准则，避免做违反公序良俗的事情。若要拥有良好的品格，则需注重自我修养的提升，努力提升自身的道德素质和精神境界，多读书、多思考，以及经常反思自己的言行。

（二）注重自我约束

一个人要想拥有良好的品格，就需对自己进行严格的约束和管理。这包括控制自己的情感和规范自己的行为。一个人只有做到自我约束，才能避免自己的情感和行为对他人造成伤害，从而形成良好的品格。

（三）注重和谐关系

和谐关系是品格训练中不可忽视的方面。一个人在工作和生活中，若想获得他人的信任和尊重，就要注重人际关系的和谐。与人沟通时，要尊重他人，保持耐心，不轻易发脾气，做到和平共处。

（四）注重实践与反思

实践与反思是培养良好品格的有效途径。一个人若想拥有良好的品格，需要将自己的理想与信念付诸实践，并不断反思自身的行为与言语是否符合正确的价值观和道德准则。一个人只有在实践中持续反思，才能发现自身的不足与缺陷，从而不断完善自身的品格。同时，还需注重与他人的交流与互动，从中汲取经验与教训，不断提升品格素养。

品格训练需要长期积累，涵盖多个方面。这应从对自我认识的掌握开始，深入了解自己，明确自己的真正想法、行为需求和习惯。通过不断调整和完善自我形象与人格，做到真诚、真实、坦荡。接着，还需学会有效管理情绪，在面对突发事件时保持冷静，理性思考，避免冲动行事。最后，应注重提升思维能力与表达能力，持续学习新知识，拓宽视野，掌握更高层次的思维方法，并做到言之有物。

相关链接

养成优秀品格的七项准则

1. 友好亲和

我怀有一个强烈的愿望，希望他人也能像我一样过上幸福的生活。

我不会伤害任何人，会克制自己，不介入无谓的争端。

我谦虚有礼，尊重他人，并明白自己不可能永远正确。

2. 勇于承担

在面对问题时，我能够自行做出判断，并决定对某种情况应采取何种反应。

我不会被不公平的事情左右，而是将注意力集中在自己能够掌控和改变的事情上。

我深知，当我将责任推卸给他人时，也将相应的权力交付给了对方。

3. 善待他人

我只称赞他人，如果实在找不到值得称赞的地方，那就保持沉默。

我尽量避免批评他人，若不得不提出批评，也会以礼貌和友善的方式表达。

我更倾向于关注他人的优点和闪光点，而非放大缺点。

4. 给予帮助

我衷心祝愿所有我遇到的人都能够事事顺利，并愿意在力所能及的范围内提供帮助。

我送给某人礼物，是因为我想表达对他（她）的好感。

最美好的事情莫过于帮助他人，我总是希望能为别人提供帮助。

5. 感恩之心

我始终心怀感恩，哪怕是对那些看似寻常的事情。

即使在遇到困难时，我依然会关注值得感激的人和事。

我对身边的人充满感激，非常珍惜与他们共度的美好时光。

6. 勤学不辍

我应该保持谦逊好学的态度。不仅要阅读优质的书籍，记录日记和知识笔记，还要尽可能多地向他人学习，以提升自己。

7. 值得信赖

我的成功与否往往取决于自身养成的习惯。

如果我能够做到高度自律，就会比那些不够自律的人更容易取得成功。

我总是守时，信守对他人的承诺。

课后微实践

（1）结合中职生的实际情况，你认为中职生应当培养哪些优良品格？

（2）品格的养成是一个逐渐发展的过程，具有层次性、渐进性和序列性。学生可分小组制订周计划、月计划和年计划，助推班级品格教育的有序开展。

① 周计划：以学生在校的一日流程为核心，具体落实。

② 月计划：分为品格活动和阶段性品格评价两个板块。

③ 年计划：开展品格教育全面普查，形成问题清单，并寻求解决策略。

4

职业能力

第四章

引 言

职业能力是一个人完成任务或参与与职业相关活动所必需的能力。这些能力包括专业技能、领导力、沟通能力、团队合作能力、解决问题能力、创新思维等多个方面。

职业能力培养是指通过学习和实践，提升个人在职场中所需的各种技能和素质。通过不断学习和实践，个人可以增强自信心，获得更好的工作机会，实现职场上的成长。职业能力培养的最终目的是使个人具备适应职业环境变化和需求的能力，并在工作中表现得更加出色，取得事业上的成功。

本章将从团队合作、沟通能力、时间管理、自我提升、职业形象等方面展开论述，同时结合新时代新征程的建设要求，探讨中职生职业能力培养的具体需求与实践路径（图4-1）。

图4-1 攀登

相关链接

赵新是一名年轻的市场营销专员，毕业不久便加入一家大型公司。起初，他对市场营销工作感到非常兴奋，但很快发现自己在团队中缺乏必要的职业能力。他意识到需要培养自身的职业能力，以提升自己在工作中的竞争力。

于是，赵新开始主动学习相关知识和技能。他报名参加行业研讨会和培训课程，并阅读了大量与市场营销相关的书籍和文章。同时，他积极向同事请教并寻求反馈，在实践中不断总结经验和改进工作方法。

随着时间的推移，赵新逐渐展现出优秀的职业能力。他具备深入洞察市场需求、制定有效营销策略的能力，擅长与客户沟通并建立良好的关系，在团队合作中表现出色。

这告诉我们，职业能力培养非常重要。在职业生涯中，我们要意识到自己在职场中的不足之处，并努力改进和提升；要主动参加培训和研讨会等活动，并将所学应用于实际工作中，通过实践不断提高；要积极向同事、领导或专业人士寻求反馈和指导。

思政导学

“一根筷子轻轻被折断，十根筷子牢牢抱成团。”“一个巴掌拍也拍不响，万人鼓掌声震天。”这两句俗语生动地诠释了团队合作的重要性。团队合作不仅能提升工作效率，还能培养具有良好团队合作能力、较强责任感和正确价值观的优秀人才。

第一节 团队合作

一、团队合作的内涵

故事与启示

赤壁之战

赤壁之战（208年）是中国历史上著名的以少胜多的战役，孙权、刘备联军通过团队合作击败了强大的曹操大军。这场战役中团队合作的体现可以从以下几个关键环节分析：

1. 战略联盟的建立：孙权、刘备联合

背景：曹操南下势如破竹，刘备败退、孙权孤立。双方意识到单独作战必败，诸葛亮与鲁肃促成联盟。

合作体现：(1) 资源整合。孙权提供水军和粮草，刘备提供陆军（如关羽、张飞部队）及战略人才（诸葛亮）。(2) 目标一致。双方搁置潜在矛盾，共同对抗曹操的“吞并”威胁。

2. 分工协作：各展所长

周瑜的军事指挥：作为联军主帅，周瑜统筹全局，利用江东水军优势制定火攻策略。

诸葛亮的智谋体现在多个方面：借东风（利用气象知识）、参与战术设计，并协调刘备部队配合。

黄盖的苦肉计：老将黄盖诈降，亲自率火船突袭曹军水寨，体现了执行层面的牺牲精神。

刘备军的策应：关羽、张飞等埋伏截击溃逃的曹军，以扩大战果。

3. 战术执行中的协同

火攻的精准配合：

黄盖诈降接近曹军水寨。东南风起时（诸葛亮预测），火船突入。周瑜主力趁乱进攻，刘备军陆上策应。

情报共享：联军利用曹操北方士兵不习水战、战船相连的弱点，设计有针对性的战术。

4. 信任与危机处理

化解内部分歧：孙权阵营主战派（周瑜、鲁肃）与主降派博弈，孙权最终选择信任周瑜，坚定了抗曹的决心。

应对突发情况：曹操轻信黄盖诈降，联军抓住机会迅速行动，展现了联军的应变能力。

赤壁之战的启示：即使实力悬殊，通过高效的团队合作（信任、分工、资源整合、灵活执行）也能扭转局势。一个团队的成功不仅取决于个体的力量，更在于团队成员之间的合作、信任、沟通以及智慧的运用。通过这些要素的有效结合，团队可以克服困难，取得成功。

（一）团队

团队是由一群人组成的，共同追求某个目标或完成特定任务的集体。一个团队通常包括不同角色和专业背景的成员，他们通过合作和互相支持来实现共同的目标。

在工作环境中，团队发挥着重要的作用。一个高效且协调的团队可以提升工作效率，创造更优的解决方案，并实现更出色的绩效。团队成员需要相互理解、信任和尊重，并在沟通、决策和问题解决方面进行有效合作。

（二）有效的团队合作方法

团队合作（图4-2）是现代职场中不可或缺的一部分，它在实现目标、解决问题以及推动创新方面发挥着重要作用。让一个团队高效合作并取得成功，需要运用一些特定的方法和策略。

图4-2 团结合作

1. 明确角色与责任

在团队中，每位成员都应有明确的角色与责任。这有助于避免因任务不清晰而导致的混乱或冲突。团队领导者需要清晰地分配任务与职责，并确保每位成员充分理解自己的角色与责任，从而实现更好地协同工作。

2. 建立高效的沟通渠道

良好的沟通是团队合作的关键。团队成员需要及时、准确地交流信息和意见。建立高效的沟通渠道，如定期的团队会议、在线协作平台或电子邮件，可以促进信息的共享与理解，减少误解和沟通障碍。

3. 建立互信与尊重的关系

在团队中，成员之间应当建立互信与尊重的关系。互信能够增强团队成员的合作意愿，而尊重则有助于创造良好的工作氛围和积极的团队文化。团队成员应尊重彼此的意见和贡献，互相鼓励与支持，共同追求团队的目标。

4. 制定清晰的目标与计划

团队合作需要以清晰的目标和计划为基础。团队领导者应制定明确的目标与计划，并将其分解为可执行的步骤，使每位成员清楚自己的工作重点和时间安排，从而提升团队合作的协调性和执行力。

5. 培养协作精神与解决冲突的能力

协作精神是团队合作的核心要素之一。团队成员应乐于合作，愿意分享自己的知识与经验，互相支持并共同成长。此外，团队成员需要具备解决冲突的能力。当团队内部出现分歧或摩擦时，应积极寻找解决方案，以维护良好的工作关系和团队凝聚力。

在团队合作实践中，团队成员应时刻牢记团队目标，秉持团队合作的原则与方法，实现个人与团队共同发展。通过明确角色与责任、建立有效的沟通渠道、建立互信与尊重的关系、制定清晰的目标与计划，以及培养协作精神和解决冲突的能力，团队能够更好地发挥合作的力量，取得更大的成功。

（三）团队合作的意义

团队合作是指团队成员通过共同努力和协作配合，实现共同目标的过程。在团队合作中，每位成员都扮演着特定的角色，承担着相应的责任，并通过相互支持、有效沟通与协调行动，来实现最佳效果。高效的团队合作具有以下重要意义：

1. 激发创造力与创新

团队合作能够激发成员之间的创新思维与创造力，促进思想的碰撞以及新思维方法的产生。当来自不同背景、拥有不同经验与知识的成员聚集在一起时，他们会带来各自独特的视角和见解。在团队合作的过程中，成员相互交流、深入讨论，不断提出新的想法与解决方案，有助于产生更多的创新成果，并推动团队实现更大的突破与进步。

创造力是指个体或团队在面对问题、挑战或新情境时，能够产生新颖且有价值的想法或解决方案的能力。它涉及创新思维、想象力、灵活性和原创性。

创新是指个体或团队基于现有的知识、技术、方法或理念，通过创造性的思维和实践，产生新颖且有价值的新事物、新方法或新理念的过程。创新是推动社会经济发展和科技进步的重要动力。

拥有不同背景和观点的成员相互交流并协同工作，有助于激发创造性思维并提出创新性的解决方案。

2. 高效执行

高效执行是指团队在完成任务或项目时，能够以最优方式利用资源、时间和人力，确保目标快速且高质量地实现。

3. 共同学习和成长

团队合作为成员提供了共同学习和成长的机会。在团队合作中，每个成员都有机会通过与他人的交流与合作，丰富自身的知识，提升自己的技能。成员可以互相分享经验与见解，彼此学习，共同成长。同时，团队合作还能帮助成员发现自身的不足之处，并通过与他人的协作共同解决问题，从而提升个人能力与综合素质。

4. 增强凝聚力与团队精神

团队合作能够增强成员之间的凝聚力与团队精神。当一个团队成功地完成任务或实现共同目标时，团队成员会感到成就感和自豪感。这种成就感和自豪感能够增强团队成员的归属感与认同感，进一步促进团队精神和凝聚力的形成。团队合作还能够培养成员之间的互信和合作意识，提升团队的整体表现。

5. 资源优化

团队合作可以充分发挥各个成员的专长和技能，最大限度地利用每个人的优势。

6. 降低风险

团队合作使问题和风险可以从多角度得到审视和解决，减少了单一观点带来的盲点和错误决策的可能性。

7. 促进人际关系的和谐发展

团队合作可以促进团队成员之间人际关系的和谐发展。在团队合作中，成员需要相互沟通、协调、信任和理解。通过相互交流与合作，成员之间的关系会更加紧密和融洽，为个人之间的友谊和合作提供良好的基础。同时，团队合作也能够帮助成员培养一些重要的社交技巧和合作能力，有利于他们今后的职业发展。

总之，团队合作是实现共同目标、提升工作效率和创造创新解决方案的重要手段。通过明确目标、建立信任、有效沟通和协调行动等方式，团队成员能够更好地协同工作并取得成功。团队合作不仅有助于个人价值的实现，还能为组织的发展和社会的进步做出积极贡献。因此，我们应重视团队合作，培养团队合作的意识和能力，从而更好地适应和应对现代社会的发展与变化。

课堂微体验

请扫描二维码观看视频

活动名称：班级团结辩论赛——“班级是否需要团结?”。

活动目的：通过辩论的形式，让学生思考和交流班级是否需要团结，以提升学生的思辨能力和口头表达能力。

主持人：负责主持辩论赛并维护秩序。

辩论组员：将学生分成多个小组，每组设正方和反方，每方四名学生。

1. 活动流程

（1）开场白。主持人简要介绍辩论的主题和目的，并说明辩论的规则和流程。

（2）辩论组介绍。每个辩论组派出一名代表进行自我介绍，并阐述本组观点的主要论点。

（3）正方陈词。正方选派一名辩论组成员作为第一发言人，以论据和事例支持“班级需要团结”的观点。

其他正方组员依次发言，强调各自论点，并对反方观点进行反驳。

（4）反方陈词。反方选派一名辩论组成员作为第一发言人，通过论据和事例来支持“班级不需要团结”的观点。

其他反方组员依次发言，阐述各自论点，并对正方观点进行反驳。

（5）自由辩论。正反双方的辩论组员可以就对方的观点进行质询和回应，展开深入的辩论。

（6）总结陈词。每个辩论组派出一名代表进行总结发言，概括本组的观点，并重申本组的立场。

（7）提问环节。其他同学可以向辩论组员提出问题，进行请教或质询。辩论组员根据己方立场做出回答。

（8）点评和颁奖。教师对各组的辩论表现进行点评，并宣布最终获胜的团队和优秀辩手。随后，教师颁发获奖证书或奖品，以鼓励学生积极参与和付出努力。

2. 活动要求

（1）学生需提前准备辩论的论据和事例，确保论点具有逻辑性和说服力。

（2）辩论时，学生应遵守辩论礼仪，包括尊重对方观点、服从主持人指挥等。

（3）辩论过程中，学生应确保言辞文明，禁止攻击对方。

（4）其他学生应积极参与提问环节，以促进思考和营造良好的辩论氛围。

3. 活动效果评估

（1）评估辩论组员的表达能力、论辩能力及论据支撑的合理性。

（2）评估学生的参与度和团队合作意识。

（3）收集学生的反馈意见，反思活动的开展情况，并探讨改进空间。

备注：本次辩论赛旨在培养学生的思辨能力以及正反双方的团队合作意识。

相关链接

1. 对于一支球队而言，各角色在团队中的职责及相互配合

（1）运动员。作为核心成员，运动员的主要责任是通过训练和比赛展现个人能力，并为团队争取胜利。他们需要保持良好的体能和高技术水平，同时积极参与团队训练及比赛中的配合与协作。

（2）教练。教练是团队中的领导者，负责制订训练计划，指导运动员的技术和战术，并组织团队的训练和比赛。教练需要根据运动员的个人能力和团队目标，进行个别指导和整体规划，以提升团队的整体竞技水平。

（3）支持人员。支持人员包括训练师、物理治疗师和心理辅导师等。他们的职责是为运动员提供必要的支持和帮助，包括身体保健、伤病治疗和康复，以及心理辅导和支持。他们与运动员和教练密切合作，共同为团队的成功贡献力量。

2. 球队中的各个角色需要互相配合和协作，以实现团队的成功

（1）相互信任和尊重。团队成员需要建立相互信任和尊重的关系，这样才能更好地沟通和合作，共同追求团队目标。

（2）共同讨论和决策。在制定战术规划和解决问题时，团队成员需要共同讨论和决策。每个人都应该有发言权，并尊重他人的想法和意见。

（3）集体训练与激励。团队成员需要参加集体训练，以共同提升技术水平和体能素质。同时，通过设立激励机制，可以有效提升团队的凝聚力和士气。

（4）相互补充与互帮互助。团队中扮演不同角色的成员往往拥有不同的专业知识和技能，因此需要相互补充、互帮互助。例如，运动员可以向教练和支持人员请教问题或寻求帮助，而教练则可以根据运动员的具体情况提供个别指导。

通过这样的配合与协作，一支球队能够最大限度地发挥自身的力量，从而取得优异的成绩。

二、新时代中职生的团队合作要求

（一）在新时代背景下，中职生需要具备良好的团队合作能力

团队合作不仅是课堂上的要求，也是未来工作中必备的能力。中职生需要深刻认识到团队合作的重要性，并树立积极参与团队合作的意识。团队合作能够促进成员相互学习和共同进步，通过协作获得高质量的成果。因此，我们应鼓励学生积极参与团队活动，培养他们的合作意识以及主动承担责任的精神。

（二）新时代中职生需要具备的团队合作能力

它具体包括：良好的沟通和协调能力，明确角色与责任分工，建立相互信任和尊重的关系，同时具备解决问题和管理冲突的能力。此外，中职生还应培养自主学习，增强合作学习的能力，锻炼创新思维，增强合作创新意识，并能够适应多样性和保持包容性。这些能力将帮助中职生在团队中更好地发挥积极作用，并为未来的职业发展奠定坚实的基础。

通过团队合作并在其中发挥积极作用，中职生能够培养良好的团队合作能力。这不仅有助于他们更好地应对未来职场中的各种挑战，还能促进个人与团队共同成长。以下是一些帮助中职生培养团队合作能力的建议。

1. 参与小组项目

积极参与小组项目，与其他成员密切合作。确保每位成员分工明确，并定期进行进度更新和讨论，以保证任务按时高质量完成。

2. 培养沟通技巧

有效的沟通是团队合作的关键。要学会倾听他人的观点，合理表达自己的意见，并使用清晰、明确的语言或其他交流方式提升沟通效率，及时解决问题或化解冲突。

3. 分享知识和技能

在团队中应主动分享自己掌握的知识和技能，同时肯定他人的贡献。通过开放式讨论和协同学习，提升整个团队的合作能力。

4. 接纳不同的观点

团队成员的多样性是一种宝贵的资源。我们应珍视这种多样性，接纳不同的观点和意见，并以包容的思维推动创新和问题解决。

5. 互相支持与协助

团队成员应营造互信和互助的氛围。在需要帮助时，主动寻求他人的协助，同时也愿意为他人提供帮助。通过共同努力、相互支持与补充，团队能够更好地实现共同

目标。

6. 学会解决冲突

团队中出现意见分歧或冲突是正常现象。团队成员应掌握处理问题和化解冲突的技巧，寻求有效的合作方式解决问题，而不是让矛盾升级。

7. 反思和改进

团队在项目完成后应进行反思与评估，根据团队成员的表现，寻找改进的机会。从每次经历中汲取教训，并将其应用于团队未来的合作与发展。

课后微实践

为了培养学生的团队合作精神，提升他们的综合素质，学校决定在课后组织一次以“团结合作”为主题的微实践活动。活动中，教师将提供一幅复杂的拼图，学生分组进行挑战。在拼图过程中，小组成员需要及时沟通、合理分工，共同完成任务。活动结束后，各小组将分享活动中的心得体会，并总结经验与教训。

思政导学

沟通是建立良好人际关系的桥梁。人们通过真诚地交流与倾听，不仅可以提升沟通能力，还可以建立良好的人际关系。

第二节 沟通能力

故事与启示

邹忌讽齐王纳谏

邹忌通过自己的观察与思考，向齐王提出了关于治理国家的建议。他采用了一种委婉的方式，通过讲述自己与徐公比美的故事，引导齐王认识到听取各方面意见的重要性。最终，齐王接受了他的建议，下令广开言路，改革弊政，整顿吏治，从而收到很好的效果。这个故事展示了有效沟通的重要性，包括倾听、表达和引导等方面。

一、沟通能力

（一）沟通是人类交流和传递信息的过程，在团队合作中起着至关重要的作用

通过良好的沟通，团队成员可以更好地理解彼此、更高效地完成任务，并提升信任水平与凝聚力。

沟通是人际交往中必不可少的一项能力。一个人的沟通能力直接影响他的工作表现、人际关系以及个人发展。因此，掌握良好的沟通技巧，充分发挥沟通的作用，对于每个人来说都是至关重要的。

（二）沟通能力的重要性

良好的沟通能力对个人生活和职业生涯都具有重要意义。沟通是交流和分享想法、观点及信息的主要途径。通过有效的沟通，人们能够更好地理解彼此，从而有效地解决问题。在个人生活中，良好的沟通能力有助于建立和谐的家庭关系，并培养深厚的友谊。在职业生涯中，良好的沟通能力能够帮助我们更准确地理解领导的指示，与同事密切合作，妥善处理客户关系，以及清晰地表达自己的观点。因此，良好的沟通能力是一个人取得成功的关键因素之一。

二、培养沟通能力的方法

沟通能力是指个体有效传达和接收信息的能力，在个人的职业发展中起着至关重要的作用。通过培养和提升沟通能力，我们可以更好地与他人合作、解决问题，并在事业和生活中取得成功。不断练习和反思沟通方式，将有助于建立良好的人际关系并实现个人目标（图4-3）。

（一）多练习，提升表达能力

良好的沟通能力要求我们能够清晰、准确地表达自己的意见和观点。可以通过多读书、多写作以及参与演讲和辩论等活动，来丰富词汇量并提升语言表达能力。此外，在日常生活中，积极参与讨论，与他人分享自己的见解，也有助于逐步提升表达能力。

（二）注重非语言沟通

沟通不仅限于语言表达，非语言沟通也是重要的交流方式。姿态、面部表情、手势和其他肢体语言都能传递我们的意图与情感。因此，应当注重培养良好的非语言沟通技巧。例如，保持端正的姿势、适度微笑以及与对方保持适宜的眼神接触。这些行为不仅能够增加与他人的亲近感，还能有效地传递观点，促进沟通顺利进行。

（三）学会倾听与尊重他人

沟通是一个双向互动的过程，不仅需要我们向他人表达自己的观点，还需要我们倾听并尊重他人的意见。在与他人交流时，应学会认真倾听，理解对方的立场，并接纳不同的意见和看法。这样不仅能够促进互信与共识的建立，还能有效地推动沟通顺利进行。

（四）提升倾听技巧

良好的沟通能力不仅体现在表达上，还体现在倾听能力上。提升倾听技巧是培养沟通能力的重要环节。可以通过专注和集中注意力来增强倾听效果。在与他人交流时，应避免分心，保持眼神接触，以便更好地理解对方的意思并做出恰当的回应。

（五）不断反思并改进

沟通是日常学习、工作及生活的一部分，需要我们不断反思自己的沟通方式，并根据反思结果进行改进。可以向身边的朋友或同事请教，主动接受反馈，了解自己在沟通中存在的不足，并学习改进方法，以更高效、更得体地与他人交流。

相关链接

以下是几种重要的沟通能力：

（1）口头表达能力。良好的口头表达能力能够让你清晰、自信地传递思想和观点。这包括语言的流畅性、措辞的准确性，以及语调、音量和节奏等方面的把握。

（2）非语言沟通能力。除了语言表达，身体语言、面部表情、姿势以及眼神等非语言信号也是沟通的重要组成部分。学会识别和运用这些非语言信号，不仅有助于你更全面地理解他人，还能提升自身的沟通影响力。

（3）倾听能力。倾听是一种积极参与并理解他人意见和观点的行为。通过有效倾听，你不仅可以深入地了解对方，还能从中获取有价值的信息，促进沟通顺畅。

（4）书面表达能力。书面表达是通过文字传递信息和想法的过程。良好的书面表达包括写作技巧、文笔流畅性以及组织结构等方面，确保读者能够准确理解你所传达的内容。

（5）情绪管理与冲突处理能力。情绪管理能力可以帮助你在沟通中保持冷静和理性，避免情绪干扰。此外，掌握良好的冲突处理技巧能够帮助你解决与他人的分歧，并寻求共同的解决方案。

（6）适应性与跨文化沟通能力。具备适应不同文化、背景和观点的能力是现代社会中必不可少的沟通技巧。理解并尊重不同文化之间的差异，同时学会灵活调整自己的表达方式，有助于建立更加融洽的跨文化合作关系。

（7）反馈与协商能力。提供准确、具体且具有建设性的反馈对于实现有效沟通至关重要。同时，通过协商找到双方都满意的解决方案，也是重要的沟通技巧之一。

（8）积极倡导与说服能力。在团队合作中，积极倡导自己的观点并说服他人接受是一项非常重要的能力。这包括清晰地阐述观点、利用事实和数据支持观点，以及运用恰当的说服技巧来获得他人的支持。

相关链接

倾听是一种极为重要的沟通技巧，它能够帮助我们有效地与他人建立联系，增进相互了解与信任。倾听不仅是简单地聆听对方说话，而且要积极参与其中，并真正理解对方的意见和观点（图4-3）。

图4-3 学会倾听

在倾听过程中，有两点需要注意。一是我们应以尊重和包容的态度倾听他人，避免打断对方的发言。这样的态度能够让对方感受到我们的关注与尊重。二是倾听不仅是听到对方的声音，而且要用心去理解对方所表达的含义。我们需要通过提问、回应和反馈等方式，确保自己对对方的意见和观点有准确的理解。

倾听的好处是多方面的。首先，它能够帮助我们更好地了解他人的需求和期望，从而更有效地满足这些需求。其次，通过倾听，我们可以学习到新的知识和观点，拓宽自己的思维视野。最后，倾听有助于增进人际关系的和谐与融洽，促进合作与共同成长。

在工作环境中，倾听能力对于领导者和团队成员而言都是至关重要的。领导者需要善于倾听团队成员的意见和建议，给予他们表达的机会，并认真对待他们的反馈。团队成员也需要具备良好的倾听能力，积极参与团队的沟通和决策，与其他成员进行有效的交流。

总之，倾听是一种重要的沟通技巧，能够帮助我们更好地理解他人，获取有价值的信息，并提升团队成员之间的交流效果。无论是在个人生活中还是在工作中，培养和提升倾听能力都是非常有益的。

课堂微体验

游戏：沟通的技巧

游戏目的：学习人际沟通的基本态度与技巧——倾听。

体会倾听与反馈在人际沟通中所产生的效果。

游戏规则：当他人发言时，旁观者必须认真倾听，不得分心或走神。

游戏操作：

（1）三人或四人一组，模拟公司面试场景。

（2）每组成员分别轮流扮演以下角色：说话者（每人一次）、倾听者（每人一次）以及观察者（一至两人）。每位成员需依次体验这三种角色，以感受不同角色的立场与体会。

（3）模拟演练环节：公司面试角色分配如下。

说话者：应聘者

倾听者：面试官

观察者：负责观察应聘者与面试官之间的对话和互动，不参与其中，仅记录观察到的情况。

（4）事后讨论环节：所有成员完成三种角色体验后，进行小组经验分享活动。

说话者与倾听者：交流彼此的感受与体会，促进理解与共鸣。

观察者：分享观察过程中发现的互动细节与情境。

在人际沟通中，重要的不仅是表达自己的意见和想法，还要用心倾听对方传达的信息。只有如此，我们才能真正实现双向沟通的目标。这种沟通能力是一种基本的态度，同时也是可以通过学习掌握的倾听技巧。

三、中职生如何提升沟通能力

中职生提升沟通能力最有效的方法就是多实践、多参与各种交流活动。具体来说，可以通过以下几种方法来提升沟通能力：

（一）参加演讲或辩论活动

主动参与演讲或辩论活动能够锻炼你的口头表达能力和说服力，同时帮助提升自信心和应对紧张情绪的能力。

（二）参与团队项目

参与团队项目可以提升你的团队合作能力和沟通技巧。通过与他人合作、交流和协商，你可以学会如何有效地传递信息、理解他人的意见并达成共识。

（三）角色扮演

尝试扮演不同的角色，模拟真实生活中的沟通场景，如面试官、顾客或领导者。这种练习可以帮助你深入理解不同角色所需的沟通技巧，同时锻炼你在各种情境下应对问题和清晰表达观点的能力。

（四）寻求反馈并接受挑战

主动邀请亲朋好友或同事对你的沟通表现提供反馈，并勇于接受意见以改进自己。从他人那里获得真实的意见可以帮助你认识自身的盲点和不足，并有针对性地进行改进。

（五）积极倾听和观察

在日常生活中，专注于倾听他人的表达，并留意他们的非语言沟通。关注对方的语气、姿态、眼神等细节，从中学习和借鉴有效的沟通技巧。

（六）参与社交活动

参与社交活动能够获得丰富多样的交流机会。与不同背景和兴趣爱好的人交谈，不仅可以拓宽视野，还可以学习如何与各种类型的人进行有效沟通。

（七）阅读和学习

阅读有关沟通技巧、人际关系以及心理学方面的书籍、文章或博客，通过不断学习来丰富自己的知识储备，并将所学内容应用于实践。

（八）参加培训课程

参加专门针对提升沟通能力的培训课程，在专业教练的指导下掌握更专业的沟通技能。

通过以上实践方法，你将逐步提升自己在各个方面的沟通能力。请记住，沟通是一项需要持续学习和提升的技能，只有通过不断练习、反思与改进，才能取得进步。通过积极的实践，你将逐渐成长为一名出色的沟通者，并在个人生活和职业生涯中获得更大的成功。

课后微实践

通过共同为社会做贡献，团队成员能够增强凝聚力和沟通协调能力。建议团队成员参与志愿服务活动。在活动中，团队成员应积极沟通并协作完成任务。活动结束后，团队成员进行总结与反思，应分享经验和收获。

思政导学

高效是人生走向成功的重要因素，合理规划和管理时间是成功人士的重要特征。从现在开始，合理规划时间，成就高效人生。

第三节 时间管理

一、时间管理的技巧与建议

时间管理是指合理利用和安排时间，以提高工作效率和生活质量的能力。以下是一些时间管理的技巧和建议：

（一）制订计划

每天根据自己的实际情况制订一个详细的计划，列出当天的优先任务，可以使用时间表、待办事项清单或专门的时间管理工具来帮助规划。

（二）设置目标

将大目标分解为具体可行的小任务，每天朝着这些小目标努力，为每个目标设定清晰的截止日期，并对完成情况进行跟踪。

（三）优先排序

明确任务的重要性和紧急性，根据优先级对其进行排序，优先处理既重要又紧急的任务，从而高效地管理时间和资源，提升工作效率和生活质量（图4-4）。

（四）避免时间浪费

采取措施消除或减少工作和生活中的时间浪费现象，以提升效率。例如，在工作时间内减少干扰因素，如社交媒体和游戏软件等。

图4-4 学会管理时间

（五）分解大任务

对于规模较大的任务，可以将其分解为多个小任务来完成，以更好地控制进度并提升执行力。

（六）集中注意力

学会专注于一件事，避免同时处理多个任务。通过将手机静音、关闭电子邮件提醒等方式，创造一个无干扰的工作环境。

（七）学会拒绝

合理分配时间和精力，不必觉得自己需要接受每一个请求。适当拒绝一些优先级较低的任务，或者将其委托他人处理，也是明智之举。

（八）休息和放松

为自己安排适当的休息和放松时间，避免长时间连续工作导致疲劳。保持良好的身体状况和心理状态是高效工作的基础。

时间管理是一个因人而异的过程，需要根据个人的实际情况与工作需求进行调整和改进。最重要的是坚持探索并找到适合自己的时间管理方法，以提升效率、减轻压力，实现工作与生活的平衡。

课堂微体验

时间管理的“四象限法则”是一种经典的时间管理工具，它可以帮助人们有效分配时间和资源，高效地完成任务（图4-5）。该法则将任务划分为四个象限，根据任务的紧急程度和重要性对其进行分类。

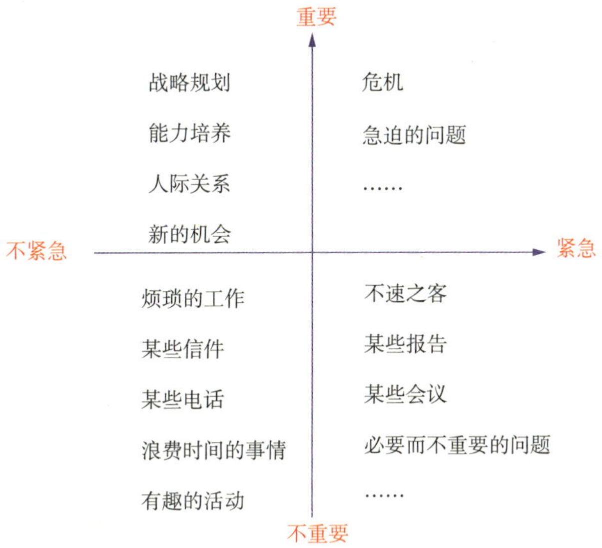

图4-5 时间管理的“四象限法则”

1. 第一象限：紧急且重要

这些任务需要立即处理，是最优先完成的事项。它们通常具有紧迫的截止日期或对目标实现至关重要。例如，紧急的工作任务、问题处理、突发会议等。在这一象限中，我们应立即采取行动。

2. 第二象限：重要但不紧急

这些任务是实现长期目标的关键，需要投入时间与精力进行计划和执行。尽管它们缺乏紧迫性，但如果被忽视，未来可能会演变为紧急且复杂的问题。典型例子包括制定长期规划、做出重要决策、学习新技能和进行自我提升等。在这一象限中，我们应合理安排时间，确保为这些重要任务留出足够的精力和资源。

3. 第三象限：紧急但不重要

这些任务表面上显得紧急，但对我们的长期目标贡献有限。通常，这类任务是由他人要求或安排的，可能会占用我们的时间和精力，却并非我们真正关注的核心事务。例如，一些由他人发起的会议、零碎的琐事以及随意浏览社交媒体等。在这一象限中，我们需要谨慎评估任务的必要性，学会果断拒绝那些不重要的事项，避免浪费宝贵的时间。

4. 第四象限：不紧急且不重要

这些任务既无重要性也无紧迫性，通常是一些琐碎或无意义的活动，容易导致时间浪费。例如，过度使用社交媒体、沉迷于无关紧要的娱乐活动、纠结于细枝末节等。在这一象限中，我们应尽量避免将时间和精力投入其中，专注于更有价值的事务。

使用“四象限法则”，我们可以更好地管理时间，确保优先处理重要且紧急的事项，合理安排时间追求长期目标，避免被琐碎的事情所困扰。这一方法可以帮助我们高效完成工作、减轻压力、提升效率。

根据时间管理的“四象限法则”，请谈谈你一天中的时间安排。

相关链接

番茄工作法

番茄工作法是一种简单而有效的时间管理方法，旨在提升工作效率和专注力。其基本规则是将时间分割成25分钟的工作时间和5分钟的休息时间，每完成四个番茄时间段后，进行一次较长时间的休息。

番茄工作法的具体步骤如下：

（1）选择一个待完成的任务：设定一个25分钟的工作时间，专注于工作，中途不允许进行任何与任务无关的活动，直到番茄时钟响起。

（2）短暂休息：工作25分钟后，进行5分钟的短暂休息。

（3）多周期休息：每完成四个番茄时段，进行一次较长时间的休息（通常为15分钟）。

番茄工作法的优点如下：

（1）提升效率：通过将工作时间分割成小段，集中注意力，减少拖延。

（2）减轻时间焦虑：通过设定明确的工作时间和休息时间，可以有效缓解对时间的焦虑感。

（3）增强决策意识：明确规划和管理时间，能够帮助我们提升决策能力。

番茄工作法的历史背景

番茄工作法由弗朗西斯科·西里洛在20世纪80年代末创立的时间管理方法。最初，他使用一个番茄形状的厨房定时器来设置番茄钟。这种方法在20世纪90年代逐渐得到广泛应用，并被越来越多人接受和使用。

二、时间管理的重要性及影响

时间是每个人都无法逆转的宝贵资源。在现代社会中，如何合理地管理和利用时间已成为人们亟须解决的重要问题。良好的时间管理能够带来诸多益处，从提升工作效率到改善生活状况，在日常生活中发挥着不可或缺的作用。

（一）提升工作效率

良好的时间管理可以显著提升工作效率。通过制订合理的工作计划，人们能够有意识地安排自己的时间，科学分配各项任务和项目的优先级。有效的时间管理不仅有助于集中精力，还能减少拖延与时间浪费。充分利用时间，不仅能高效完成任务，还能获得更大的自信心和满足感。

（二）减轻压力和焦虑

良好的时间管理能够帮助人们更好地掌控生活节奏，从而减轻时间压力和缓解焦虑。我们若能有效地安排时间，合理分配工作与休息，就能从容地应对各种挑战和压力。反之，缺乏时间管理，会导致任务积压以及工作与生活失衡，压力和焦虑感则会进一步加重。因此，合理的时间管理不仅可以减轻负担，还能让生活更加有序和愉快。

（三）实现个人目标

时间管理在实现个人目标方面至关重要。如果一个人无法有效地管理时间，很容易偏离方向，难以实现理想和愿望。相反，擅长时间管理的人能够充分利用每一天，专注于关键任务，朝着目标持续努力。良好的时间管理使我们能够将时间投入有意义且有价值的事情中，从而更好地实现个人目标与理想。

（四）提升生活质量

良好的时间管理能够显著提升我们的生活质量。当我们有效地管理时间，并将其投入有价值的事情中时，我们可以更好地平衡工作与生活，从而享受更多的休闲和娱乐时光。相反，如果无法合理安排时间，我们就可能陷入忙碌和疲惫的状态，难以真正体验生活的美好。因此，良好的时间管理能够帮助我们掌控生活节奏，实现工作与生活的平衡，享受更加充实而有意义的人生。

（五）促进社会发展

良好的时间管理不仅对个人有益，还对社会发展产生积极影响。当大多数人都能够高效地管理和利用自己的时间时，社会整体的工作效率将大幅提升，从而创造更多的价值与财富。此外，时间管理在社会的规划和组织中也起着至关重要的作用。例如，公共交通的时刻表、医院的就诊排队系统等，都是基于时间管理的原则进行设计和运作的。因此，时间管理的重要性不仅体现在个人层面，还深刻地影响着社会的高效运转和持续发展。

时间管理在现代社会中的重要性不容忽视。我们应该认识到时间的宝贵，学会有效地管理和利用时间，以提升生活品质。

三、新时代中职生的时间管理

新时代中职生需要具备良好的时间管理能力，提升学习效率、合理安排日常生活，并培养自己的综合素质。以下是一些适用于中职生的时间管理建议：

（一）设定明确的目标

明确自己的学习目标和个人发展目标，并将其细化为具体的任务和计划。目标的清晰性有助于更有针对性地管理时间。

（二）制订周密的学习计划

制订一份周密的学习计划，包括每周、每天的任务安排，并考虑到各科目的重要性和难易程度。合理分配学习时间，确保各科目都得到足够的学习时间。

（三）高效利用课堂时间

在上课期间要专注听讲并积极参与讨论，做好笔记。这样可以避免课后花费过多时间去弥补课堂上的遗漏。

（四）运用碎片时间

中职生的空闲时间可能较为零散，例如在等待上课或放学的路上。可以利用这些碎片时间进行复习、阅读或完成一些小任务，从而提高时间的利用率。

（五）设置优先级

学习和个人发展是中职生的首要任务，但同时也需要兼顾其他活动和兴趣爱好。要明确事情的优先级，将时间分配给最重要的事项。如果有必要，可以适当减少社交娱乐的时间，以腾出更多时间用于学习和提升自我。

（六）管理电子设备使用时间

手机、电脑和社交媒体等电子设备容易分散注意力并浪费时间。建议设定合理的使用时间，确保这些设备不会成为学习和工作的干扰源。

（七）合理规划休息时间

中职生同样需要适当的休息和放松，以保持身心健康。要学会科学安排休息时间，在休息时全身心地放松，避免过度疲劳和消耗精力。

（八）注重身心健康

良好的时间管理不仅涉及学习和日常事务，还涉及身心健康。合理安排运动、睡眠和饮食，保持良好的生活习惯，有助于提升学习和工作效率。

总之，中职生通过设定明确的目标、制订周密的学习计划、高效利用课堂时间以及合理管理自己的生活等，可以有效提升时间管理能力，从而取得更优异的成绩并实现个人发展。

课后微实践

“四象限法则”是一种时间管理方法，它将任务分为四个象限：紧急且重要、重要但不紧急、紧急但不重要、不紧急且不重要。对于中职生来说，合理安排时间，平衡学习、休息和娱乐是非常重要的。以下是一个基于四象限法则的时间安排表：

每日时间安排

时间	工作安排
早晨起床：7：00 AM	
7：00—7：30	起床、洗漱、整理床铺
7：30—8：00	早餐，同时可以听英语听力或新闻，增加知识面
上午学习：8：00 AM—12：00 AM	
8：00—9：30	专注于重要且紧急的课程学习，如即将到来的考试科目
9：30—9：45	短暂休息，活动身体
9：45—11：15	继续学习，可以处理一些重要但不紧急的任务，如长期项目或技能
11：15-11：30	休息，准备午餐
午餐及休息：12：00 AM—1：30 PM	
12：00-12：30	午餐
12：30—1：30	午休，适当放松，为下午的学习充电
下午学习：1：30 PM—5：00 PM	
1：30—3：00	处理紧急但不重要的任务，如完成作业或回复紧急邮件
3：00—3：15	短暂休息
3：15—4：45	继续学习，可以安排一些不紧急且不重要的任务，如阅读感兴趣的书籍或进行轻松的娱乐活动
4：45—5：00	准备晚餐
晚餐及自由活动：5：00 PM—7：00 PM	
5：00—5：30	晚餐
5：30—7：00	自由活动时间，可以进行体育锻炼、社交或参与兴趣小组
晚间学习及准备睡眠：7：00 PM—10：00 PM	
7：00—8：30	晚间学习时间，复习当天学习的内容，预习第二天的课程
8：30—8：45	短暂休息
8：45—10：00	继续学习或准备第二天的学习材料
睡前准备：10：00 PM	
10：00—10：30	洗漱，准备睡觉
10：30	睡觉

这个时间表是一个基本的参考框架，你可以根据实际情况进行调整。关键在于保持规律的作息，合理分配时间，在提升学习效率的同时兼顾身心健康。

思政导学

自我提升是每个人都应追求的目标，只有不断提升自己，才能更好地适应社会的发展和变化。

第四节 自我提升

一、自我提升的必要性

职业能力是指人们从事某种职业所需的多种能力的综合表现。职业能力可以通过职业测试预测一个人适合的职业类型和性格特征。职业能力是在职业实践中得到发展和提升的，其发展和提升能够帮助个人在职业活动中实现创新与进步，取得优异的工作绩效和成果，从而带来职业成就感与满足感。

二、职业能力自我提升的方法

职业能力的自我提升是一个持续不断的过程。以下是一些关于如何提升职业能力的建议：

（一）目标设定

明确你希望在职业上实现的目标，并制订切实可行的计划。这有助于你更有针对性地选择需要提升的能力和技能。设定清晰的职业目标是实现成功的关键之一。以下是一些建议，帮助你设定目标并制订计划：

1. 初步确定目标

思考你希望在职业生涯中实现的长期目标。这可能包括晋升到特定的职位、转行到不同的领域，或成为某个行业的专家。确保你的目标在设定时要兼顾挑战性和可行性。

2. 分解目标

长期目标可分解为中期目标和短期目标。中期目标通常为一至五年内需要实现的内容，而短期目标则可以是年度或季度内需完成的任务。通过逐步分解，目标变得更具可操作性和执行性。

3. 确定所需的核心能力和技能

仔细分析并明确实现目标所需的核心能力和技能。这可能包括专业知识、领导力、沟通能力等。根据这些要求，制订相应的学习与发展计划，确保自身能力不断提升以满足目标需求。

4. 制订行动计划

基于目标及所需能力，制订具体的行动计划。明确每个行动步骤、时间表和资源需求。将计划细化为小任务，并设置明确的截止日期，以便有效追踪进度，同时根据实际情况进行必要调整。

总之，设定清晰的职业目标并制订切实可行的计划，是迈向成功的第一步。然而，目标与计划只有在付诸行动并持续专注和坚持的基础上，才能真正发挥作用。

相关链接

任正非，华为技术有限公司（以下简称“华为”）创始人，通过目标设定实现职业能力突破的几个关键点：

1. 明确的长远目标

任正非在创立华为之初，就设定了成为全球领先的通信技术公司的远大目标。这个目标不仅宏伟且富有挑战性，同时也激励着他和团队不断努力前行。

2. 逐步实现的中期目标

为了实现长远目标，任正非设定了多个中期目标，例如先在国内市场取得领先地位，再扩展到国际市场。每个中期目标都是对长远目标的具体化和细化。

3. 具体可行的短期目标

任正非还设定了许多短期目标，如每年的销售额增长和新产品的研发等。这些短期目标具体、可行，且与中期目标和长远目标紧密相连。

4. 持续学习和创新

为了实现这些目标，任正非本人和华为都非常注重学习与创新。他们不断引进新技术，培养人才，优化管理，这些都是实现目标的重要手段。

5. 坚韧不拔的执行力

任正非以其坚韧不拔的执行力著称。无论遇到多大的困难和挑战，他都能够坚持目标，不断调整策略，确保实现目标。

通过这些具体的行动和策略，任正非不仅提升了自己的职业能力，也带领华为成为全球通信行业的领先企业。

（二）学习与培训

持续学习并参加适当的培训课程，以丰富知识和提升技能。可以通过参加线上或线下的培训、研讨会等方式获取新知识。以下是一些建议，有助于提升你的学习与培训效果。

1. 确定学习需求

仔细分析你在职业领域中的知识和技能，并确定需要进一步提升的领域。这可能包括行业趋势、技术发展、具体的职业要求等。了解自己的短板和需要补充的知识。

2. 寻找合适的培训资源

根据你的学习需求，寻找合适的培训资源。这包括参加在线课程、线下培训机构、研讨会等。确保选择具有良好声誉和质量保证的培训提供者。

3. 保持主动学习

除了参加培训课程外，还应积极主动地进行自主学习，阅读相关的专业书籍、研究报告和行业文章，参与在线论坛和社区讨论，关注行业领袖和专家的观点，保持持续学习的态度和习惯。

4. 应用所学知识

学习不仅仅停留在获取知识的层面，更重要的是将所学知识应用于实际工作中。要抓住机会将新的思想和技能融入项目，通过实践不断提升自己。

通过持续学习和不断提升自己，你将增强职业竞争力，为实现职业目标奠定坚实基础。

相关链接

在中国商业界，有一个名字家喻户晓，那就是小米科技的创始人——雷军。这位从湖北仙桃走出来的创业者，凭借卓越的智慧和不懈的努力，书写了一段令人瞩目的传奇故事。现在，就让我们一同走进雷军的世界，探寻这位“手机之王”如何在商海沉浮中乘风破浪、披荆斩棘。雷军为何能够取得如此卓越的成就？我们来看以下几点：

1. 持续学习新技术

雷军非常注重学习新技术。他经常参加各种技术研讨会和行业会议，掌握最新的科技动态和发展趋势。例如，他曾多次参与国际消费类电子产品展览会和世界移动通信大会。这些经历使他始终紧跟全球科技发展的步伐，为企业创新奠定了坚实的基础。

2. 广泛阅读

雷军拥有广泛的阅读兴趣，他不仅阅读与科技相关的书籍，还涉猎管理、经济、历史等多个领域的作品。他认为，广博的知识背景能够帮助他在决策时具备更全面的视角。

3. 实践与反思

雷军非常注重在实践中学习并进行反思。在小米科技有限责任公司的日常管理中，他常常通过实际操作来验证自己的想法，并根据反馈进行调整。他还鼓励团队成员主动反思，通过不断试错和总结经验来提升工作效率与创新能力。

4. 国际化视野

为了拓宽自己的国际化视野，雷军不仅在国内进行学习和交流，还频繁出国考察与学习。他曾访问过许多国际知名的科技公司，如苹果、谷歌等，通过实地考察，汲取它们的管理经验和创新模式。

5. 终身学习的理念

雷军提倡终身学习的理念。他认为，无论处于哪个年龄阶段，都应保持对新知识的好奇心和学习的热情。这种态度不仅使他在职业生涯中不断进步，也为小米公司营造了积极向上的学习氛围。

通过这个案例，我们可以看到雷军在自我提升和学习方面付出的努力以及取得的成就。这些努力不仅促进了他个人的成长，也为小米科技有限责任公司的发展奠定了坚实的基础。

（三）自主学习是提升知识和技能的重要途径

以下是一些建议，旨在帮助你更有效地进行自主学习：

与传统的被动学习方式不同，自主学习强调学习者的主动性和自我驱动，能够根据个人兴趣和需求灵活安排学习内容和进度。

1. 利用互联网资源获取相关领域的知识

可以利用在线教育平台、开放式课程以及专业网站等资源进行学习。务必选择权威且可靠的资源，以确保学习内容的准确性和专业性。

2. 阅读专业书籍和学术期刊

寻找与你学习领域相关的专业书籍和学术期刊。这些资源能够提供更深入的知识和理论基础，帮助你建立一个全面而系统的知识体系。

3. 观看教育视频

许多在线平台提供了丰富的教育视频资源，如公开课、学术讲座和实用技能培训课程。通过观看这些视频，你不仅能以更直观的方式学习，还能获得实际操作和演示指导，从而提升学习效果。

4. 参与社区讨论

加入相关领域的在线社区和论坛，积极参与讨论和交流。与其他学习者、专家和从业者互动，分享你的想法和问题，并从他们的经验中获取启发和指导。

5. 实践应用

学到的知识要及时应用到实际中。找到机会将所学的理论知识转化为实际操作，参与项目或任务，积累实践经验并不断优化自己的能力。

6. 持续反思和总结

在学习过程中，应时常反思自己的学习效果和方法是否有效。通过总结经验，了解哪些学习方式适合自己，哪些学习方式需要改进。

（四）寻求反馈

主动寻求他人对你的工作表现和职业发展方向的反馈意见。接受正面反馈的同时改进不足之处，这不仅有助于你发现潜在盲点，还能提升个人表现，帮助你更好地认识自己，了解自身的优点与不足，获得改进和成长的机会。以下是一些具体建议：

1. 向领导请教

主动询问领导对你工作的评价与建议。领导通常对你的表现有深入的了解，能够提供更具针对性的反馈意见。

2. 寻求同事的反馈意见

与你密切合作或经常接触的同事也是重要的信息反馈来源。可以邀请他们进行一对一的交流，询问他们对你的工作印象、看法以及改进建议。同事的反馈往往能提供不同的视角，帮助你全面地了解自己的表现。

3. 参与评估和考核活动

积极参与公司或组织的评估与考核活动。这些活动不仅能为你提供正式的反馈，还能帮助你明确职业发展目标，并制订相应的计划。

4. 加入职业发展网络或社区

寻找并加入与自身领域相关的职业发展网络或社区，与行业专家、导师或其他职业同行进行交流。他们或许能为你的工作表现和职业发展方向提供宝贵的建议。

5. 主动请求反馈

定期与同事、上级或其他合适的人员进行正式或非正式的会面，主动请求他们对你的工作表现提出反馈意见。要明确表达你对反馈的重视，并虚心询问是否有具体的改进建议或意见。

不论通过何种渠道获得反馈，都应以开放的心态接受，认真对待具有建设性的批评，将其视为成长与进步的契机。请记住，反馈的目的是帮助你发展和提升，积极应对反馈将有助于显著改进你的工作表现。

课堂微体验

找一位同学，请他或她抽出时间填写一份关于你学习表现的反馈表，以便更好地帮助你改进学习状态。参考内容如下：

学习表现反馈表

请根据以下指标评价我的学习表现，并在相应栏目中打分或填写意见。

1. 动力与积极性（1～10分）

我在学习中是否有足够的动力和积极性？

我是否主动参与课堂讨论和活动？

2. 学习态度与目标（1～10分）

我对学习是否持有积极认真的态度？

我是否设定了合理的学习目标并努力追求？

3. 专注力与注意力（1～10分）

我是否能够保持专注，集中精力学习？

我是否容易受到外界干扰而分心？

4. 学习方法与策略（1～10分）

我是否能够灵活运用不同的学习方法？

我是否有意识地制订学习计划并进行时间管理？

5. 作业完成与质量（1～10分）

我是否按时完成作业并保证其质量？

我的作业是否经过仔细检查，有无疏漏和错误？

6. 合作与沟通能力（1～10分）

我在团队合作中是否积极参与并有效沟通？

我是否能够尊重他人的意见和想法？

7. 自我评价与反思（1～10分）

我是否能够客观评价自己的学习表现？

我是否定期进行学习反思，总结经验教训？

除了上述指标，请在表格最后一栏写出你认为我需要改进的方面和具体建议。

我会将你的反馈视为宝贵的意见，并通过改进来提升学习表现。感谢你对我学习的支持和关注！

学习表现反馈表

姓名：______　　日期：______

指标　　评分/意见

1. 动力与积极性：
2. 学习态度与目标：
3. 专注力与注意力：
4. 学习方法与策略：
5. 作业完成与质量：
6. 合作与沟通能力：
7. 自我评价与反思：

需要改进的方面和建议：

请将填写好的表格交给我，或通过其他方式反馈给我。非常感谢你的帮助和支持！

（五）寻找导师

寻找有经验且愿意指导你成长的导师。他们可以分享实际经验和职业智慧，帮助你更快地提升职业能力。

1. 明确目标

确定你希望在哪个领域获得指导，并设定明确的职业目标。这将帮助你找到与自身兴趣和发展方向契合的导师。

2. 寻求内部资源

如果你在某个组织或公司工作，可以查看是否存在内部导师计划或相关文件。一些公司会提供导师资源，以支持员工的职业发展。

3. 利用社交网络

利用社交网络寻找潜在导师。与行业内的专业人士建立联系，参加行业活动或研讨会，拓展人脉。在社交媒体上关注行业领袖和专家，获取他们的观点和经验。

4. 寻求专业组织支持

加入相关专业组织或协会，这些机构通常提供导师计划或导师资源。通过参加会议、培训课程以及与会员互动，可以找到潜在导师。

5. 咨询老师或教授

如果你正在学习某个领域的相关知识，可以向老师或教授寻求导师推荐。他们可能会向你推荐合适的人选或提供其他有效地寻找导师的途径。

6. 寻找行业前辈

了解你所在行业的成功人士和前辈，看看他们是否愿意成为你的导师。通过参观公司或参加行业活动，你可以接触到这些人，并与其展开有意义的对话。

在寻找导师的过程中，确保与潜在导师建立良好的关系，并根据双方的需求和期望制订明确的目标与计划。记住，在导师的指导下，持续学习和努力是成长的关键。

相关链接

“程门立雪”的故事成为学生表达对老师尊重和追求知识的象征。它强调为了学习和追求真理，要有坚韧不拔、勇往直前的精神，无论遇到多大的困难和艰辛都要坚持下去。

图4-7 程门立雪

（六）参与项目

主动参与各种项目和工作机会，通过实践来应用和巩固所学的知识与技能。这有助于你在真实场景中锻炼自己的能力，并提供实际案例作为经验积累。下面是一些建议来帮助你实现这个目标：

1. 保持积极主动

主动寻找项目和工作机会，表达对参与项目和工作的兴趣和渴望。可以向你的上级、同事或者其他相关人员表示你对特定项目和工作的兴趣，并提出自己参与的理由。

2. 发挥你的专业能力

根据自身的专业领域，积极寻找相关的项目和工作机会。无论是技术方面还是管理与协调方面，都应充分发挥自身优势，展现你在特定领域的专业能力。

3. 主动学习与提升

为了更好地参与项目和把握工作机会，主动学习并提升自己的技能和知识至关重要。你可以通过参加专业培训、阅读相关书籍、参与行业交流等方式，及时更新自己的知识体系，从而增强在项目中的竞争力。

4. 善用社交平台与网络资源

现如今，许多社交平台和网络资源能够帮助你更高效地寻找项目和工作机会。例如，可以在专业网站或社交媒体上发布个人简介与求职意向，加入相关的专业群组或论坛，与行业内的专业人士建立联系，以获取更多关于项目和工作机会的信息。

5. 构建个人品牌和口碑

在参与项目和寻求工作机会的过程中，要注重构建良好的个人品牌和口碑。通过认真负责、高质量的工作表现，赢得他人的信任和认可。这将为未来参与更多项目和寻求工作机会奠定基础。

通过上述努力，你将有更多机会参与各种项目和工作，从而提升自己，并不断成长与发展。记住，要始终保持积极的心态，勇于面对挑战，并持续提升自身的能力和素质。

（七）持续反思和调整

定期回顾自己的职业发展计划，并根据实际情况进行必要的调整。明确自身当前的优势和不足，并制定相应的改进措施。

1. 定期评估

定期评估自己的职业发展目标是否与当前情况相匹配。分析自己的技能、知识和经验，并将其与市场需求进行对比。这将帮助你认识自身的优势与不足，从而为未来的职业发展方向做出更具针对性的决策。

2. 寻求反馈和建议

向你信任的导师、同事或上级寻求反馈，并征询他们的建议。他们可以从不同角度为你提供宝贵的意见，帮助你发现自身的盲点，并指明改进的方向。

总之，持续反思并调整职业发展计划是非常重要的。适应不断变化的工作环境，同时保持学习和成长的心态，将有助于你在职业生涯中获得成功。

课后微实践

自我提升是一个持续学习和实践的过程。请总结成功人士如何实现自我提升的经验，并查找中职生自我提升的成功案例。

思政导学

形象是一种无声的语言，它能够在无须言语的情况下传递你的价值观和个人品质。

第五节 职业形象

故事与启示

杨澜："形象永远走在能力前面"

"没有人有义务必须透过连你自己都毫不在意的邋遢外表去发现你优秀的内在。你必须精致。这是女人的尊严。我在后来的后来，都一直记得！形象永远走在能力前面！"

这句话表达了杨澜对形象与能力相对重要性的理解，以及人们对形象与能力的感知。这句话可以从不同的角度进行解读：

1. 形象的重要性

在公众视野中，杨澜的形象可能更为人所熟知和关注。她的着装、仪态、谈吐等外在形象，往往给人留下深刻的印象。形象是传播个人品牌和价值观的重要载体。一个积极、正面的形象有助于提升个人的影响力和公信力。

2. 能力的支撑作用

形象只是外在表现，真正支撑形象的是杨澜深厚的专业能力和广泛的知识储备。作为一位资深媒体人，杨澜在采访、主持和写作等方面都展现出卓越的能力。这些能力是她在媒体界立足并持续发展的基础。

3. 形象与能力的关系

形象和能力是相辅相成的。一个优秀的形象可以吸引更多的关注和机会，而能力则是获得这些机会并长期保持影响力的关键。在某些情况下，形象可能先于能力被人们所认知，但从长远来看，能力才是决定个人能否持续成功的关键因素。

这段论述强调了形象在公众感知中的重要作用，但并不意味着能力不重要。事实上，形象和能力是相互依存、相互促进的。一个优秀的形象能够给个人带来更多的机会和关注，而能力则是获得这些机会并保持长期影响力的根本。

一、职业形象

（一）形象

形象是指一个人或事物在他人心目中的印象和外在表现。一个良好的形象能够赋予个人或事物积极的特质和价值，对于人与人之间的交往、职场发展以及品牌建设都具有重要的影响。

（二）如何塑造职业形象

在职场中，职业形象至关重要，它会对你的职业发展和工作机会产生深远影响。以下是一些关于如何塑造职业形象的建议：

1. 仪表仪容

注重穿着得体、整洁大方。根据不同行业和公司文化的要求，选择合适的服装风格，并注意个人形象的细节，如发型、指甲和妆容等。

2. 专业能力

持续学习并提升自己的专业能力。通过参加培训、阅读专业书籍、学习新技术等方式，不断丰富和提升自身所从事领域的知识和能力，以保持竞争力。

3. 沟通能力

良好的沟通能力对职业形象起着关键作用。要学会倾听他人，清晰且准确地表达观点，善于与人交流和协作，与同事及上级建立并维持良好的关系。

4. 专业态度

认真负责、严谨细致的工作态度是建立职业形象的基础。应按时完成任务，对工作保持细致入微的态度，展现出专业的素养和职业精神。

5. 团队合作

在职场中，团队合作能力至关重要。应积极参与团队活动，主动分享知识和经验，与同事协作完成任务，体现良好的合作态度和团队精神。

6. 自我管理

培养良好的自我管理能力，包括时间管理、任务分配、问题解决和应对挑战的能力。这不仅能提升工作效率，还能展现出自主性和责任感。

7. 个人品牌

在职场中，个人品牌是你的形象代言，它反映了你的价值观、个性和专业能力。应注重塑造和维护良好的个人品牌形象，包括对线上社交媒体形象的管理等。

最为重要的是，你应该以诚实正直、遵纪守法为原则，形成良好的职业道德和职业操守。坚持职业道德规范是有效打造职业形象的关键因素之一。

二、职业形象的重要性

如果将职业形象简单地理解为外在形象，或者将一个人的外表与成功直接挂钩，那么你就犯了一个严重的错误。职业形象是多维度的，包括外在形象、知识结构、品德修养以及沟通能力等多个方面。

（一）得体的个人形象可为初见者留下良好的第一印象

这包括发型、着装、表情、言谈举止、待人接物，以及女士的化妆和饰品等方面。为了给人留下深刻印象，得体地塑造和维护个人形象尤为重要。在正式场合中，一个人的言谈举止往往能够体现其内在的品质。

（二）个人形象不仅是个人外在表现的直接支映，更直接影响组织的整体形象塑造

服饰礼仪和职业礼仪逐渐成为企业文化中不可或缺的内容。服饰礼仪是指人们在交往过程中，为了表示相互尊重与友好而体现在着装上的行为规范。职业礼仪则是在人际交往中，通过一定的、约定俗成的程序与方式，展现自我修养和尊重他人的过程，其内容涉及穿着、沟通及情商等多个方面。

（三）个人形象是沟通的工具

俗话说："人靠衣装，马靠鞍。"商业心理学的研究表明，人际沟通中影响力和信任度的来源包括语言、语调和形象三个方面，其重要性所占比例分别为：语言7%，语调38%，视觉（即形象）55%。由此可见，形象的重要性不容忽视。作为形象塑造中的外在表现，服装成为他人关注的焦点，而你的形象就是你未来的名片。在当今竞争

日益激烈的社会中，个人形象远比人们想象的更加重要。良好的形象能够为个人增添光彩，而当你的形象成为有效的沟通工具时，它会为你的职业发展助力。

三、中职生步入社会如何打造职业形象

中职生步入社会时，打造良好的职业形象至关重要。以下是几点建议：

（一）培养良好的职业素养

良好的职业素养包括自律、守时、认真负责等方面。在工作中展现专业的态度和职业精神，这不仅能体现你的能力，还能给人留下深刻而积极的印象。

（二）学习并提升专业技能

根据所从事的行业，不断学习和提升专业技能。通过参加培训、实习以及积累项目经验等方式，拓宽知识面，提升自身的职业竞争力。精湛的专业技能是你立足职场的重要保障。

（三）做好个人形象管理

注重仪表仪容，保持穿着得体、整洁大方。得体的装扮不仅反映个人的品位，还能展现专业性。同时，注意言谈举止的礼貌和分寸，与人相处时应谦逊有礼、落落大方。这些细节能够塑造良好的职业形象，为你的职场生涯铺平道路。

（四）保持积极的沟通能力

学会与人沟通合作，培养良好的人际关系。积极主动地参与团队活动，增加自己的曝光度，多与同事、上级进行交流，获取更多的学习和成长机会。

（五）提升自己的领导能力

虽然刚刚步入职场，但你可以在工作中展现自己的领导潜质。积极主动地承担责任，提出解决问题的方案，并能够有效地组织和协调团队合作。

（六）持续学习和提升自我

职业形象的建立需要不断学习和提升。保持对行业和职业发展的关注，参与相关的培训和进修，不断提升自己的知识和技能水平。

总之，中职生要通过不断努力，提升自身的职业形象，展现出专业能力和良好的职业素养，这样才能在竞争激烈的职场中脱颖而出。

相关链接

确保穿着得体和整洁干净是塑造良好形象的重要方面。以下是一些建议：

1. 根据行业和公司文化选择适当的服装风格

不同行业和公司有不同的着装要求与文化氛围，要根据具体情况选择适当的服装

风格。在正式场合，如商务会议或接待重要客户时，可以选择正式、庄重的服装；在文化氛围较为轻松的公司，可以选择休闲、时尚的服装。

2. 保持整洁与干净

无论选择何种服装风格，在任何场合都应保持服装的整洁与干净。定期清洗和熨烫衣物，避免衣物上出现污渍、褶皱或磨损。同时，还需注意个人卫生，保持清爽的发型、干净的指甲以及整洁的肌肤。

3. 注意细节

细节决定成败，注重个人形象的细节尤为重要。要注意衣物的颜色搭配和款式选择，避免过于花哨或夸张的装饰。此外，发型、妆容和配饰也应与整体形象相协调。避免选择过于夸张或引人注目的发型和妆容，配饰应适度得体，切忌数量过多或设计过于繁复。

4. 注意场合和职位的要求

根据不同场合和职位的要求，调整自己的仪表与仪容。在正式的商务会议中，应展现出庄重且具有权威感的形象；在与客户接触时，需体现出专业性和值得信赖的气质；在团队合作中，则要展现出亲和力和团队精神。根据具体情境进行适当调整，以符合职场礼仪和他人期望。

综上所述，注重穿着得体并保持仪表整洁，对于塑造良好的形象至关重要。同时，应根据行业和公司文化要求选择适当的服装风格，并注意个人形象的细节，如发型、指甲和妆容等。通过对这些细节的把握，可以给他人留下积极、专业的印象，提升自己在职场和社交场合中的形象。

课后微实践

学生在课后按性别分组，通过学习基础妆容技巧与服装搭配知识，规范仪容仪表，提升外在形象塑造能力。

5

职业规划

第五章

引　言

精彩的人生源于规划。职业规划是实现梦想的计划，是个人对自己一生职业发展道路的设想和谋划，是对个人职业前途的展望，也是实现职业理想的前提。中职生职业规划是中等职业学校学生在职业生涯规划方面需要做的准备和计划，其目的是帮助学生在学业结束后顺利就业，并在自己选择的职业领域取得成功。通过合理的职业规划，学生能够提升就业竞争力，找到理想的工作，并为未来的职业发展做好准备。

本章将对中职生职业规划的内容、职业规划的原则、职业规划的意义等方面进行必要的阐述。

相关链接

奋斗不止的“硬核”青年

还记得那位在居家隔离期间，靠着在农村自主锻炼80天，成功圆梦大学的“硬核青年”刘传贺吗？2021年初，他带领村里孩子们一起锻炼的视频再次走红网络。刘传贺来自安徽宿州，毕业于灵璧县高级职业技术学校，并考入山西师范大学体育教育专业。如今，他奔跑在更广阔的跑道和赛场上，继续书写属于自己的青春奋斗之歌。

请扫描二维码观看视频

不忘初心，刻苦锻炼

“无论环境多么艰苦，都不要放弃自己。只要勇于拼搏，就一定能够实现自己的奋斗目标，改变自己的命运。”在居家隔离期间，刘传贺克服了农村缺乏运动训练设备的困难。他拖着轮胎练跑步、用平板车的轱辘当杠铃、扛着弟弟做深蹲……坚持体育锻炼，备战高考。2020年5月，他荣获“宿州市向上向善好青年”称号。

谈及职业高考备考的动力，他坦言：“备考没有假期，这句话不是说着玩的，而是踏踏实实做出来的。”连续13周的高强度训练虽然让刘传贺筋疲力尽，但无数次跌倒并没有削减他对体育的热爱。他用满腔热忱走出成长路上坚实的每一步，用每一场训练和赛事审视自我，朝着更好的自己不断前行。

伴随着刘传贺从中职生到大学生身份的转变，他的专业知识在深度和广度上都有了显著提升。他说：“上了大学之后才发现，有时候我们个人练习时的动作其实是不规范的。”因此，在练习长跑时，他从起跑动作开始逐一纠正：脚应放在什么位置、哪些肌肉需要用力、自己的错误具体在哪里……通过不断摸索，他掌握了蹲踞式起跑的要领，并制定了适合自己的“三段式跑策略”，即“冲刺—匀速—冲刺”。“在新学期，我要专注于中长跑、跳远和跨栏跑的练习，还有很多新知识需要学习。”刘传贺说道。这些对自我的不断审视与改进，展现了他完善自我、追求进步的决心。

用理想坚守未来

“九层之台，起于累土；千里之行，始于足下。”每一个闪耀的未来，都由无数个扎实的当下积累而成。谈到人生规划，刘传贺有着清晰的目标：参军或成为一名教师。参军不仅是为了更好地提升自己，也是他从小到大的梦想。而对于职业选择，刘传贺希望成为一名体育教师。因此，他认为在大学学习期间，不仅要提高自己的体育专业水平，还要掌握教师所需的专业技能。他说道：“尽管现在自己还有许多不足之处，但我不怕吃苦，一定会珍惜当下的每一天，不负前程、不负梦想。”刘传贺的话语中透出坚定与执着。

生如蝼蚁，却应立鸿鹄之志；未来之行，当怀憧憬之念。“我对未来充满希望，并且有勇气去实现自己的目标。”刘传贺如是说道。在他看来，态度决定一切：“面对困难，最重要的是摆正心态，迎难而上。我始终相信自己会变得更好。我很幸运，找到了自己擅长的事情，并决定勇敢地按照真实的心意走下去。”刘传贺以高昂的姿态书写着他的青春篇章，用汗水浇灌着奋斗的果实。

2017年6月，他通过中考考入灵璧县高级职业技术学校。

2020年4月，由于无法返校，他就地取材开展“硬核训练82天”而走红网络，被网友称为“硬核青年”。此事先后被《人民日报》《安徽日报》《中国青年报》、安徽新闻、澎湃新闻、安徽网、央广网、新华社以及CCTV13频道等媒体报道，其中央视播放了长达10分35秒的专题宣传。

2020年7月，他从灵璧县高级职业技术学校运动训练专业毕业，并以全省第707名的成绩考入山西师范大学体育教育专业。在校期间，他不仅学习成绩优异，还是236社团实践部的主要负责人；在暑期“三下乡”社会实践中，他被评为校级“志愿者标兵”。

2021年寒假返乡时，他带领全村的孩子一起进行体育锻炼，再次引发广泛关注。

在荣誉方面，他的成绩尤为瞩目：

国家级荣誉：2023年嘉峪关“一带一路”国际铁人三项长城戈壁挑战赛全国第三名；2023年中国·威海超级铁人三项系列赛男子18～30岁组全国第七名。

省级荣誉：2022年山西省第十七届大学生年度人物；2022—2023年山西省大中学生田径运动会男子三级跳远第五名；2022—2023年山西省第二十二届大中学生田径运动会男子团体赛4×100米第四名；2022—2023年山西省第二十二届大中学生田径运动会男子团体赛4×400米第五名。

校级荣誉：志愿者标兵、共产党员、三好学生等。

机会总是为有准备的人敞开大门。中职生在校期间应为职业生涯发展打好基础，尽早设立职业生涯目标，做好职业生涯规划。在学习和生活中不断获取专业知识与技能，努力成为一名奋斗不止的“硬核”少年。

思政导学

“计熟事定，举必有功。”科学、合理的职业生涯规划有助于中职生顺利成才，职业生涯规划的内容关系到中职生的职业发展。

第一节 职业规划的内容

故事与启示

职业规划趣味小故事

有一只小松鼠，它非常喜欢收集松果和坚果。有一天，它发现了一棵巨大的松果树，树上结满了各种各样的松果。小松鼠欣喜若狂，开始拼命地收集它们。然而，随着时间的推移，它发现自己的家已经装不下这些松果了。

于是，小松鼠开始思考：我应该如何规划我的生活，才能更好地利用时间和资源呢？它决定制订一个计划，来确定哪些松果应该留下，哪些应该放弃。它还考虑如何分配时间和精力，以确保自己可以同时照顾好家庭和松果树。

最后，小松鼠的计划成功了，它不仅成功地收集到了更多的松果，还学会了如何更好地规划自己的生活。

这个故事告诉我们，职业规划就像小松鼠规划自己的生活一样，需要我们认真思考、制订计划、不断调整和改进。只有这样，我们才能更好地利用自己的时间和资源，实现自己的职业目标和梦想。

职业规划，也称职业生涯规划，是指对职业生涯乃至人生进行持续且系统规划的过程（图5-1）。它是个人与组织相结合的产物，通过对职业生涯的主客观条件进行测定、分析和总结，个人可以对自己的兴趣、爱好、能力及特点进行综合分析与权衡，并结合时代特点，根据自身的职业倾向，确定最佳的职业奋斗目标，并为实现这一目标制订切实可行的计划。职业规划的内容主要包括以下方面：

图5-1 职业生涯规划

一、自我评估

自我评估是指个人对自己的思想、愿望、能力、行为和个性特点等进行判断和评价。它是自我意识发展的产物，对个人的自我发展、自我完善和自我实现具有重要意义。进行正确的自我评估可以从以下几个方面入手：

（一）知识和技能

评估自己的专业知识和技能，明确自身的优势与不足，并找出需要提升的领域。

（二）价值观

思考自己的职业价值观，包括对工作性质、工作环境、薪资待遇和发展空间等方面的偏好。

（三）兴趣

了解自己的兴趣爱好及擅长领域，因为这些因素可能对职业选择产生重要影响。

（四）性格特点

分析自己的性格特点，如外向或内向、冲动或冷静等，因为性格特点可能会影响职业选择和职业发展路径。

（五）优点和缺点

反思自己的优点和缺点，思考如何利用优点来发展职业生涯。

自我评估案例

学生基本信息：小明，男，17岁，即将毕业的中职生，所学专业为计算机科学与技术。

自我评估内容：

1. 知识和技能

小明在计算机方面具备一定的知识和技能，熟悉多种编程语言和软件工具，能够独立完成一些项目开发。此外，他具有较强的团队合作能力和沟通技巧，能够有效地与他人协作。

2. 兴趣和爱好

小明对计算机科学与技术充满兴趣，喜欢研究新技术和新方法。此外，他还热爱运动和音乐，这些兴趣和爱好帮助他在繁忙的学习与生活中得到放松和调节。

3. 价值观

小明认为人生应该追求进步和发展，他希望在计算机科学领域做出自己的贡献。同时，他也注重人际关系和团队合作，认为这些因素对个人的成长和发展非常重要。

4. 目标和规划

小明希望在毕业后能够找到一份与自己专业相关的工作，并在工作中不断学习和进步。他计划在接下来的时间里，提升自己的专业技能和知识，提高自己的综合素质，为将来的职业发展打下坚实的基础。

根据小明的自我评估结果，可以看出他具备一定的技能和能力，对计算机科学和技术有浓厚的兴趣与爱好，同时也具有正确的价值观和职业规划。这些因素都为他未来的职业发展提供了有利的条件。

二、目标设定

目标设定是指在实施一个项目、计划或行动时，明确规定所要实现的目标和期望结果的过程。目标设定能够激发积极的心态，帮助我们明确使命，产生动力，感受生命的意义和价值，既拥抱当下，又布局长远。职业生涯规划的目标设定涉及短期目标和长期目标。

（一）短期目标

设定具体的短期目标，例如在校期间获得相关技能证书或提升学习成绩，以便更好地把握当前的学习和工作机会。

（二）长期目标

明确自己的长期目标，例如毕业后进入某个行业或公司，并在5～10年成长为该领域的专家或管理者。

目标设定案例

学生基本信息：小李，男，17岁，即将毕业的中职生，所学专业为电子商务。

目标设定内容：

小李的目标是在毕业后找到一份与自己专业相关的工作，并在工作中不断学习和提升自己。为实现这一目标，他计划在接下来的时间内提升专业技能和知识，提高综合素质，为未来的职业发展奠定坚实基础。

为此，小李制订了以下具体的行动计划：

1. 学习专业知识

每天至少花2小时学习与电子商务相关的知识和技能，包括营销、电商运营、供应链管理等。

2. 提升综合素质

积极参与学校的社团活动和实习，提升团队合作能力和人际交往能力。

3. 锻炼自我管理能力

制订合理的时间管理计划，科学安排学习和生活，确保按时完成学习任务和实现目标。

4. 拓展人脉资源

与同学、老师和实习单位的同事建立良好的关系，通过他们获取更多职业信息和机会。

通过以上具体的行动计划，小李将能够更好地实现自己的职业发展目标，并在未来的职业生涯中取得优异的成绩。

三、职业发展策略

职业发展策略是指为实现职业生涯目标而制订的行动计划，通常具有较强的具体性和可行性。在明确具体的职业目标后，采取行动成为关键环节。没有实际行动，目标便难以实现，事业的成功也无从谈起。制定正确的职业发展策略可以从以下几个方面入手：

（一）行业选择

根据自我评估和长期目标，选择适合自己的行业或领域。例如，可以选择与自己专业相关的行业，或是自己感兴趣的领域。

（二）公司选择

根据行业领域和个人兴趣爱好，选择适合自己的公司和工作岗位。可以了解不同公司的工作环境、薪资待遇等信息。

（三）提升策略

针对职业发展目标，制定可行的提升策略，包括学习新知识、掌握新技能、拓展人际关系等。同时，可以考虑参加一些实习或社会实践活动，以便更好地了解自己所在的职业领域。

职业发展策略案例

学生基本信息：小张，男，18岁，即将毕业的中职生，所学专业为机械制造。

小张意识到机械制造行业需要不断学习和掌握新技术，因此他决定采取以下职业发展策略：

1. 继续学习

毕业后，他计划继续深造，攻读相关专业的本科或研究生课程，以提升自己的专业知识和技能水平。

2. 通过实习和工作积累实际经验

通过实习和工作积累实际经验，了解行业发展趋势和市场需求，提升自己的综合素质和解决问题的能力。

3. 建立人脉

与同行、客户和合作伙伴建立良好的关系，通过他们了解更多职业信息和机会，同时可以寻求他们的支持与帮助。

4. 创业或自主创新

如果条件允许，小张可能会考虑自主创业或开发新技术，以实现自己的职业发展目标。

通过以上职业发展策略，小张将能够更好地适应行业发展趋势，提升自身竞争力和市场价值，在未来的职业生涯中取得更好的成绩。

四、计划与实施

计划实施是按照计划行事，即将所制订的计划转化为实际行动的过程。这是将目标转化为具体行动的关键步骤。计划实施可以从以下几个方面开展：

（1）制订详细的学习计划，包括每天、每周和每月的任务与目标，并明确如何评估学习进度与质量。

（2）积极参与课堂学习和课外实践活动，持续提升专业知识与技能水平。

（3）寻求实习机会，以更好地了解自己感兴趣的职业领域，同时积累实践经验。

（4）积极参加社团活动和校园文化活动，拓展人际关系网络，为自己创造更多的职业机会。

（5）关注行业动态和市场需求，及时调整职业发展策略，确保自身发展与市场需求一致。

计划与实施案例

学生基本信息：王灿，女，17岁，即将毕业的中职生，所学专业为旅游管理。

王灿计划在毕业后成为一名专业的导游，为了实现这个目标，她制订了以下计划并开始实施：

1. 学习专业知识

每天至少花2小时的时间学习旅游管理相关的知识和技能，包括景点介绍、游客服务、安全保障等。同时，她还积极参加学校的导游模拟课程和实习，以提升自己的实践能力和应变能力。

2. 提升口语表达能力

为了能够流利地与外国游客交流，王灿开始学习英语，积极参加学校的英语角和外事活动，以提升自己的口语表达能力。

3. 建立人脉资源

与同行、游客和合作伙伴建立良好的关系，通过他们了解更多的职业信息和机会，同时可以寻求他们的支持和帮助。王灿计划在毕业后加入一些旅游行业的相关组织或协会，以扩大自己的人脉资源。

4. 制订应急计划

考虑到旅游行业的特殊性，王灿还制订了应急计划，以应对可能出现的突发情况或意外事件。

通过以上计划的实施，王灿能够更好地实现自己的职业发展目标，并在未来的职业生涯中取得更好的成绩。同时，她学会了如何制订和实施有效的计划，这对于她的未来发展具有重要意义。

五、评估与调整

评估与调整是指通过科学的评估来调整计划或执行方案。评估与调整可以对评估结论中不合理的地方进行修改、增加或删除，力求达到客观、真实。计划往往赶不上变化，这要求我们应做好对职业目标的评估和调整，及时了解情况的变化，通过对实际情况和目标实现程度的分析，做好对职业目标的考核、修改和调整，重新制定适合自身发展的职业目标，确保可行性，才能实现职业目标。做好评估与调整可以从以下三个方面实施：

（1）定期评估自己的职业规划是否符合预期目标，是否有需要调整的地方。时刻关注行业和市场变化，以便及时调整自己的职业规划。

（2）根据评估结果，及时调整学习计划并提升策略，确保自己始终处于有利位置。

（3）寻求导师或前辈的指导与帮助，以更好地了解行业与市场，提升职业竞争力。同时，可以从他们那里获得一些实用的建议和支持。

评估与调整案例

学生基本信息：王莉，女，16岁，即将毕业的中职生，所学专业为烹饪。

王莉在自我评估中发现，自己的烹饪技能和知识尚需提升，同时意识到需要增强创新能力和解决问题的能力。为改进这些不足，王莉采取了以下调整措施：

1. 参加烹饪培训课程

王莉报名参加了几项烹饪培训课程，以提升自己的技能和知识水平。通过参与培训课程，她不仅提升了专业技能，还增强了创新能力与解决问题的能力。

2. 尝试新菜品

王莉尝试制作一些新菜品，并在同学和老师面前展示。通过尝试制作和展示新菜品，她不仅提升了在公众场合的表现力，还增强了自信心，得到了老师和同学的一致好评。

3. 寻求反馈

王莉定期与老师、同学和实习单位的人进行交流，了解自己的进步和需要改进的地方。根据反馈，她及时调整自己的学习计划和行动方案。同时，她从反馈中吸取经验教训，不断提升自己的烹饪技能和知识水平。

通过以上评估与调整措施，王莉能够更好地提升自己的烹饪技能和知识水平，提高综合素质和市场竞争力，为实现职业发展目标打下坚实的基础。同时，她学会了如何寻求反馈并根据反馈进行调整，这对她未来的发展具有重要意义。

总之，一份完整的职业规划应包括以下几个重要环节：自我评估、目标设定、职业发展策略、计划实施以及评估与调整。通过不断优化和完善职业规划，我们可以更好地把握职业机会，提升自身的职业竞争力，从而实现职业梦想。同时，个人还需持续学习和提升自我，以适应不断变化的市场需求。

课堂微体验

角色互换环节：由学生向老师提问，请老师结合自身的奋斗目标和成长经历，谈谈如何从多个方面做好职业规划，并分享这些规划对学生的启示和帮助。

相关链接

职业生涯规划起源于1908年的美国。“职业指导之父”弗兰克·帕森斯（Frank Parsons）针对当时大量年轻人失业的情况，成立了世界上第一个职业咨询机构——波士顿地方就业局，并首次提出“职业咨询”的概念。从此，职业指导逐步走向系统化。20世纪五六十年代，舒伯等学者提出了“生涯”这一概念，使生涯规划不再局限于职业指导的范畴。我国自1996年开始加强对毕业生的就业指导工作，这标志着我国职业生涯规划的初步发展。随着社会经济的发展和就业市场的变化，职业生涯规划在我国逐渐受到重视，成为个人职业发展的重要工具。

职业生涯规划分为个人职业生涯规划和组织职业生涯规划。

1. 个人职业生涯规划

个人根据自身的主观因素和客观条件，通过总结研究、综合分析与权衡，结合时代特点，根据自己的职业倾向，确立职业发展目标，制订相应的教育、培训、工作计划，并付诸行动，努力实现职业发展目标。

2. 组织职业生涯规划

组织职业生涯规划是由组织（企业）的人力资源管理部门根据组织发展需要而采取的一种现代管理工具，用以了解员工，从而发掘、留用优秀人才。

知识拓展

中职生职业生涯规划只是规划自己吗?

中职生在进行职业生涯规划时，应把个人发展与经济社会发展联系起来，将个人的自信、自强、积极向上的精神与国家发展、民族复兴结合起来。

中职生的职业生涯发展离不开父母的养育、老师和亲友的呵护，离不开家乡的逐步发展，离不开即将从事的职业所在行业的不断兴旺，更离不开祖国的繁荣昌盛。个人应通过职业劳动和职业生涯的成功，反哺父母，回报老师和乡亲，为所在行业的兴旺发达贡献力量，为祖国的繁荣昌盛添砖加瓦。

中职生的职业生涯规划，就是将个人发展与祖国的繁荣富强紧密结合，将个人梦想与中国梦融为一体的规划。

课后微实践

活动名称：中职生职业规划自我评估。

（一）时间安排

预计需要2～3小时完成整个评估过程。

（二）活动步骤

1. 设定目标

引导学生设定一个清晰、具体、可衡量的职业发展目标。例如，他们可以规划在未来三年内找到一份与自己专业相关的工作。

2. 设计职业兴趣问卷

设计一份职业兴趣问卷，问卷内容应包含与学生所学专业相关的一系列职业选项，如会计、市场营销、编程等。学生需根据自己的兴趣选择相应的职业选项，也可以自由填写其他感兴趣的职业。

3. 设计自我评估问卷

设计一份自我评估问卷，其内容涵盖学生技能、能力和价值观等多方面问题。这些问题应涉及学生的个人特点、优势与不足，以及他们在特定职业领域中的能力表现。同时，可以鼓励学生反思并记录他们在当前课程和课外活动中所获得的技能与经验。

4. 小组讨论

将学生分成小组，鼓励他们分享各自的职业规划想法及自我评估结果。在讨论中，学生可以互相倾听、交流意见并提供反馈。这种互动不仅有助于学生全面地了解自己，还有助于从他人的经验中获得启发。

5. 反馈与调整

小组讨论结束后，邀请教师或职业规划师对学生的自我评估结果进行详细反馈。通过提供具有建设性的建议和专业指导，帮助学生修正或完善自我评估结果，从而制定更切实可行的职业规划。

6. 制定短期和长期目标

根据学生的自我评估结果和小组讨论内容，引导他们制定清晰的短期和长期目标。短期目标应具体、可实现，并具有明确的时间限制，而长期目标则应具有更宽广的视野和战略性规划。

7. 制订行动计划

根据学生的短期和长期目标，帮助他们制订一个行动计划，列出他们需要学习或提升的技能和知识，以及他们打算采取的行动步骤。确保这个计划具有可行性和可衡量性。

通过以上步骤，学生将更好地了解自己的职业兴趣、能力和价值观，并制定一个更符合个人发展的职业规划。这个过程需要教师的引导和协助，最终结果将有助于他们在职业生涯中取得成功。

思政导学

原则是一个人观察和处理问题的准则，也就是人们说话或行事所依据的法则或标准。“没有规矩，不成方圆”，中职生在进行个人职业生涯规划设计时，应遵循相应的原则。

第二节 职业规划的原则

相关链接

我们身边的榜样：从中考失利到博士逆袭
——高温婷职业规划路线

2010年考入灵璧县高级职业技术学校。

2013年从灵璧县高级职业技术学校现代农艺专业毕业，并以707分的成绩考入皖西学院动物营养与饲料科学专业。

2018年考入河南工业大学，攻读动物营养与饲料科学专业硕士研究生。在校期间，不仅学习成绩优异，还担任生物工程学院研究生会主席。

2021年以优异的成绩考入韩国名校——仁荷大学，攻读博士学位，并一举拿下该校最高级别奖学金——全球视野奖学金。她是唯一获得该奖学金的中国留学生，并获得Brain Korea 21项目每个月给予的130万韩元（约7300元人民币）的生活补助。

高温婷获得的成绩：

国家级：四次获得国家级奖学金。

省级：安徽省优秀毕业生、安徽省优秀大学生、安徽省大学生年度人物提名奖、两次省级学业奖学金、赛业生物科技奖学金（企业奖学金）、两次省级研究生学业奖学金。

校级：大学生年度人物、优秀共产党员、大学生自强之星、优秀毕业生、三好学生、优秀学生干部、校优秀教学信息员。

高温婷有着清晰的职业目标和明确的职业方向。她注重学习与能力的提升，合理制订属于自己的职业发展计划，并在成长的道路上不断取得成功。

一个人要想在现代社会中立足，就必须选择一份合适的工作。每个人都渴望找到一份能够促使自己成功的职业。然而，许多人并不清楚自己应该选择什么职业，或如何规划自己的职业生涯。随着经济的发展，不少人盲目随大流选择职业，由于对自身特点缺乏充分认识和了解，最终难以在所选择的事业中取得理想的成就。职业生涯规划需要从三个方面着手：首先，分析自己的特点；其次，分析自己所处的组织和社会环境；最后，根据分析结果为自己制定职业发展目标。在规划职业生涯时，必须遵循一定的原则（图5-2）。以下是中职生规划职业生涯应遵循的几个基本原则：

图5-2 规划成就人生

一、明确目标

明确目标原则要求人在行动前清晰设定自己的行为目标，并在行动过程中不断检视是否朝着目标前进。它强调行动的方向性，要求避免盲目性和随意性，不要受环境或他人影响而偏离目标。明确目标可以从以下几个方面入手：

（1）确定自己的职业方向。根据兴趣爱好、性格特点、专业知识和技能，选择适合自己的职业领域。

（2）制定明确的职业目标，包括长期目标和短期目标，并明确实现这些目标的步骤和时间计划。

（3）随着环境的变化，及时调整职业目标，以确保职业发展与市场需求一致。

二、注重实际

注重实际原则是指坚持从实际出发，做到实事求是。在实现职业生涯目标的过程中，需要综合考虑自身的物质条件、社会环境、组织环境以及其他相关因素，选择切实可行的路径。

（1）根据自身实际情况选择合适的职业道路，避免盲目追求高收入或高地位，应注重职业发展的可行性和成长空间。

（2）制定可行的提升策略，包括学习新知识、掌握新技能、拓展人际关系等，以确保职业目标的实现。

（3）密切关注行业动态和市场需求，适时调整职业规划，以便更好地抓住职业发展机会。

三、积极进取

积极进取是一种人生态度，也是一种工作方法。它可以概括为：以积极主动的态度、科学严谨的方法、团结协作的精神，追求高效率和高效益的工作成果。坚持积极进取原则，有助于实现人生目标和价值。贯彻这一原则应从以下几个方面入手：

（1）持续学习和提升自我，积极应对职业发展的挑战与机遇，不断拓展职业领域和提升技能水平。

（2）积极参与社会实践活动和实习，积累实践经验，以便更好地了解自己感兴趣的职业领域。

（3）保持积极的心态和行动，不断挑战自我，提升自身的竞争力和综合素质。

四、团队合作

团队合作是一个群体为实现共同目标而进行的分工协作，围绕某个特定目标输出方案。这是一种为实现既定目标而体现出的协同合作精神，在职场中尤为重要。坚持团队合作原则需要做到以下几点：

（1）建立良好的人际关系，与同事、同学、朋友和导师等保持积极互动，以便更好地了解职业领域，并获得帮助与支持。

（2）积极参与团队工作和社交活动，扩大自己的人际关系网络，为自身创造更多的职业发展机会。

（3）尊重他人，追求合作共赢，与团队成员共同努力，实现职业目标。

五、持续发展

职业规划并非一个阶段性的目标，而是贯穿整个职业生涯的远景展望。因此，职业规划必须具备持续发展的特性。如果职业发展目标过于短视，不仅会削弱个人奋斗的动力，还可能对长期发展造成不利影响。要坚持持续发展的原则，需要做到以下几点：

（一）关注行业动态与市场需求

不断更新自身的知识和技能，以适应日新月异的市场变化，确保自己在职业发展中保持竞争力。

（二）寻求职业导师与行业前辈的指导

借助职业导师或行业前辈的经验与建议，可以更好地了解行业趋势与市场环境，从而提升自身的职业竞争力。

（三）制定并优化长期职业规划

制定切实可行的长期职业规划，并根据实际情况不断调整和完善，确保自己始终处于有利的位置。同时，应注重个人成长与发展，持续提升自身的能力与素质。

总之，中职生职业规划的原则应包括明确目标、注重实际、积极进取、团队合作和持续发展等方面。在制定职业规划的过程中，要结合自身的实际情况和市场需求，不断调整和完善职业规划，以实现职业梦想。同时，要注意不断学习和提升自己，以适应不断变化的市场需求。此外，要保持积极的心态和行动，勇于面对挑战和机遇，不断提升自己的能力和素质，为未来的职业发展打下坚实的基础。

课堂微体验

分析刘备的职业规划

刘备，字玄德，是中国历史上著名的政治家和军事家，也是三国时期蜀汉的创始人。他一生历经诸多挫折与磨难，但凭借自己的勇气、智慧和坚韧，最终成为一位杰出的领袖（图5-3）。

那么，刘备是如何规划自己的职业发展道路的呢？

图5-3　刘备的职业规划

1. 了解自己的优势和劣势

刘备在年轻时曾经失业，后来又在演武堂被降职，但他并没有因此放弃自己的发展，而是认真反思自己的劣势，并积极加以改进。他擅长识人、用人，具有深远的政治眼光和出色的组织能力。同时，他清楚地认识到自己的缺点，如不够果断，常常偏向和稀泥，这些缺点在与曹操争夺荆州时导致他错失良机。因此，在职业发展规划中，了解自己的优势和劣势至关重要。只有充分发挥自己的优势，同时努力改进自己的不足，才能更好地实现职业目标。

2. 明确职业目标

刘备一生的职业目标是成为一位能够拯救百姓的仁德之君。为了实现这一目标，他不断寻找机会，积极发挥自己的才能，最终在成都建立了蜀汉王朝。因此，明确职业目标是职业发展规划中的关键一步。只有清晰地确定自己的目标，才能制订相应的计划，并为之不懈努力。

3. 建立良好的人际关系

刘备善于结交朋友，并能够招揽优秀的人才。他先后结交了关羽、张飞、诸葛亮等众多才华横溢的人，为自己的发展打下了坚实的基础。建立良好的人际关系是职业发展规划中不可或缺的一环。建立良好的人际关系，不仅可以获取更多的资源，还能够帮助他人，从而提升自身的影响力。

4. 不断学习与提升自我

刘备非常注重学习与提升自我。他曾拜访孔明和郑玄等名士，向他们请教学问。此外，他还学习了军事和政治知识，不断提升自己的决策能力和领导能力。在职业发展规划中，不断学习与提升自我至关重要。随着社会的快速发展与变化，职场竞争日益激烈。只有通过持续学习与提升自我，才能适应职场需求，更好地胜任工作并实现自身价值。

5. 坚定信念，勇于追梦

刘备一生经历了许多挫折和困难，但他从未放弃自己的信念和梦想。无论是在徐州失利，还是在长坂坡被曹操击败，他都没有放弃，而是继续前行，最终实现了自己的职业目标。在职业发展规划中，坚定信念和勇于追梦同样非常重要。在职业生涯中，我们常常会遇到挫折和困难，只有坚定信念，勇于面对，才能克服困难，实现自己的职业目标。

综上所述，刘备在职业发展规划中的经验和教训，对于我们制定自己的职业发展规划有很好的借鉴和启示。我们可以通过了解自己的优势和劣势，明确职业目标，建立良好的人际关系，不断学习和提升自我，坚定信念，勇于追梦，实现自己的职业梦想。

相关链接

SMART原则作为职业规划的公认原则，由美国管理学家彼得·德鲁克（Peter Drucker）于1954年在《管理的实践》一书中提出（图5-4）。SMART原则是一种目标管理的有效方法，强调目标标准的系统性、实用性和可操作性。SMART原则的应用，有利于员工更加明确和高效地工作，有助于管理者制定绩效考核目标和标准，使考核更加科学化、规范化，更能保证考核的公正、公开与公平。

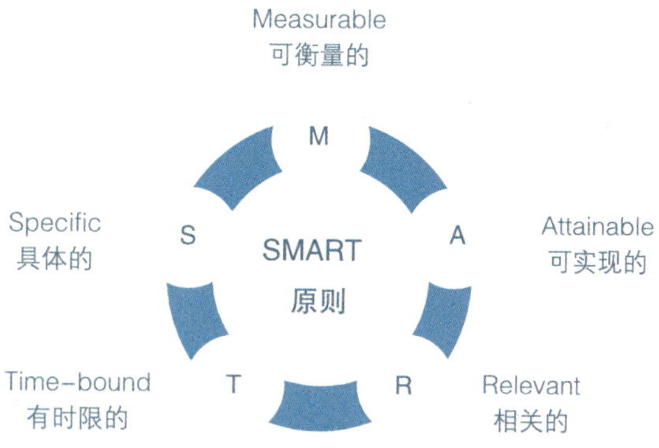

图5-4　SMART原则

选择职业生涯时，应当遵循SMART原则：

（1）S：具体（Specific）。在选择职业生涯时，应明确具体的指标和目标，避免模糊不清或笼统的设定。

（2）M：可度量（Measurable）。设定的指标和目标应具备可量化或可行为化的特点，并且能够通过数据或信息进行验证。

（3）A：可实现（Attainable）。目标应在付出努力的情况下可以实现，避免设定过高或过低的目标，确保目标具有可操作性和现实性。

（4）R：相关性（Relevant）。设定的指标和目标需与人生的其他目标相关联，以保证其意义和价值。

（5）T：有时限（Time-bound）。目标的完成需要有明确的时间期限，以提升效率和推动行动。

课堂拓展

中职生面对日益激烈的就业竞争，不应过分强调“人选职业”。中国作为一个发展中的人口大国，就业压力较大，“职业选人”的现象将在相当长的时期内存在。因此，我们必须正视劳动力供大于求的现实，积极调整心态，合理规划职业生涯。

学习对职业生涯进行规划，有助于中职生掌握处理“职业选人”与“人选职业”

之间辩证关系的方法，从而树立正确的就业观和择业观。

中职生进行职业生涯规划，是其正确应对当前就业形势的重要举措。

课后微实践

针对中职生所学专业，可以组织一次以职业规划为主题的探讨活动，旨在帮助学生了解所学专业的职业发展方向，探讨职业规划的原则和方法，提升职业规划意识和能力。以下是一些可供参考的探讨活动形式：

1. 讲座

邀请专业教师或行业专家为学生讲解所学专业的职业发展方向、市场需求和技能要求，并详细阐述职业规划的原则和方法。

2. 小组讨论

将学生分组，让他们围绕所学专业的职业前景、就业机会及行业发展趋势展开讨论，同时分享个人的职业规划想法和遇到的困惑。

3. 案例分析

提供一些成功的职业规划案例并加以分析，帮助学生了解不同职业发展路径的特点和优势，并从中汲取经验与教训。

4. 实践操作

组织学生参与所学专业相关的实践活动，如实习、社会实践和项目合作等，帮助他们在实际工作中了解职业需求和职业发展路径，提升实践能力和职业规划意识。

5. 经验分享

邀请已毕业的学生返校分享他们的职业经历和心得，为在校学生提供参考和借鉴。

在探讨活动中，应注意引导学生积极思考和讨论，鼓励他们提出自己的想法和建议，并给予适当的反馈和指导。同时，还需注重活动内容的针对性和实用性，确保学生从中获得实际帮助和启发。

思政导学

“凡事预则立，不预则废。”对个人而言，职业生命是有限的。如果没有长期稳定的规划，便是在浪费自己的生命。反之，一个好的职业生涯规划能够成为人生跑道上的助推剂。拥有规划后，在当今竞争激烈的人才市场中，个人将能走得更远、更高、更长久。

第三节 职业规划的意义

相关链接

华为创始人任正非

从军旅生涯到商业传奇，人生路上的智慧与坚持

任正非是华为的创始人兼CEO，他的人生经历充满了传奇色彩。从军旅生涯到商业传奇，他的每一步都展现了智慧与坚持。本文将回顾任正非的人生历程，并分析其中蕴含的智慧与坚持，以期为我们的人生道路提供启发和借鉴。

1. 军旅生涯：磨砺意志，培养领导力

任正非在青年时期参军，成为一名基建工程兵。在军队的岁月中，他锤炼了坚强的意志，培养了卓越的领导力。这段经历为他后来的商业生涯奠定了坚实的基础。同样，我们在人生道路上，也应勇敢面对挑战，锤炼自己的意志，培养领导力，为未来的成功做好充分准备。

2. 创立华为：自我驱动，追求卓越

43岁时，任正非以2.1万元开始创业，开启了他的商业征程。尽管当时他已不再年轻，但他从未停止学习和探索。正是这种自我驱动和不断学习的精神，使华为在激烈的市场竞争中迅速崛起。同样，我们在职业发展中，也应保持学习的热情，不断提升专业技能，为未来的事业打下坚实的基础。

3. 战略眼光：长远规划，步步为营

任正非在创立华为之初，就展现出非凡的战略眼光。他提出，华为应致力于成为全球领先的信息与通信技术公司。为了实现这一愿景，他制定了一系列长期规划，并带领公司一步步迈向成功。我们在职业生涯中，也需要培养战略思维，进行长远规划，并通过持续努力实现既定目标。

4. 合作成长：团队协作，共同成长

任正非深知团队的重要性。他在华为建立了一套独特的团队协作机制，使员工能够在团队中充分发挥自身才能，实现共同成长。我们在人生道路上，也应学会与他人协作，共同解决问题，推动团队共同进步。

5. 源源动力：创新驱动，持续发展

创新是华为成功的关键因素之一。任正非深知这一点，并在华为建立了一套完善的研发体系，鼓励员工不断创新。我们在人生道路上，也应保持创新的热情，持续探索新的思路和方法，为职业发展注入源源不断的动力。

任正非的人生经历为我们提供了许多宝贵的经验。只要不断学习、保持战略眼光、善于团队协作、勇于创新，并做好规划，我们就能在人生道路上取得更大的成功。

职业教育前景广阔，潜力巨大。职业规划能够帮助中职生明确职业方向，提升就业竞争力，提供发展路径，促进个人成长，为未来职业发展做好充分准备，并提升职业满意度（图5-5）。三百六十行，行行出状元，中职生的职业规划意义重大，具体体现在以下几个方面：

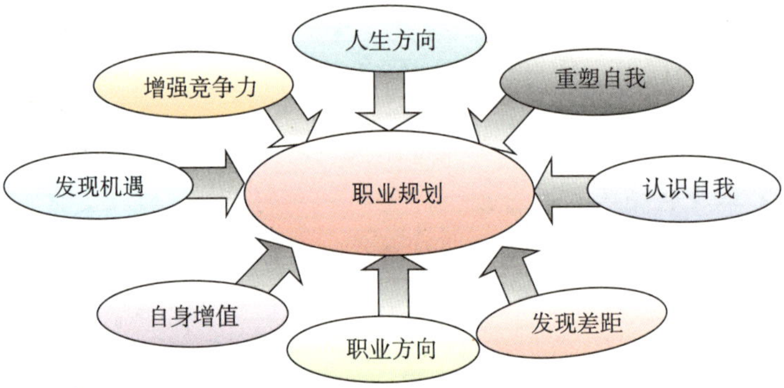

图5-5 职业规划的意义

一、明确方向，提升就业率

职业规划可以帮助中职生清晰地认识自己的职业方向和目标，从而更好地掌控职业发展轨迹。通过制定合理的职业规划，中职生能够全面地了解自身的优势与不足，进而有针对性地提升技能和能力，提高个人竞争力。同时，职业规划还能够帮助中职生了解市场需求和行业动态，从而更准确地抓住就业机会，显著提升就业率。

二、增强动力，提升自信心

职业规划能够帮助中职生认识自身的潜力和能力，从而产生内在动力。通过制定切实可行的提升策略与计划，中职生能够逐步实现职业目标，从而获得成就感并增强学习动力。这种积极的心理状态将促使中职生不断努力，提升自信心，同时持续提高职业素质和能力水平。

三、降低风险，提高成功率

职业规划能够帮助中职生全面地了解市场需求和行业动态，从而准确地把握职业机会。通过制定科学、合理的职业规划，中职生可以避免盲目追求高收入或高地位的职业，降低职业选择中的潜在风险。此外，职业规划还能引导中职生制定具体的提升策略和计划，从而提升自身竞争力和综合素质，提高职业发展的成功率。

四、正确评估，合理规划未来

职业规划是个人发展的关键环节，它不仅能帮助我们设定长期的职业目标，还能提供一套系统的评估工具，帮助我们明确自身的价值观与定位。一份合理的职业规划不仅能够提升我们的就业质量，还能为我们未来的职业发展奠定坚实的基础。

总之，中职生进行合理的职业规划对其个人成长和发展具有重要意义。通过制定科学的职业规划，中职生可以明确未来的发展方向，增强自信心，降低职业选择的风险，为未来的职业生涯奠定坚实的基础。因此，建议中职生在入学之初就考虑自己的职业规划，并积极寻求导师或前辈的指导与帮助，以便更好地了解行业动态和市场需求，提升自身的职业竞争力。同时，他们还需注重持续学习和提升自我，以适应不断变化的市场环境。

课堂微体验

针对中职生职业规划的重要性，可以组织一次课堂讨论活动，旨在帮助学生理解职业规划的意义，探讨职业规划的方法与技巧，提升他们的职业规划意识和能力。以下是一些推荐的活动形式，分类清晰，便于选择执行：

1. 主题讨论

围绕“中职生职业规划的意义”这一主题，鼓励学生自由发表自己的看法和观点，引导他们深入思考职业规划对个人发展的影响。

2. 案例分析

分享一些成功的职业规划案例并加以分析，帮助学生了解不同职业发展路径的特点与优势，并从中汲取经验与教训。同时，也可以让学生讨论这些案例中存在的不足，探讨如何避免类似问题，从而完善自己的职业规划。

3. 小组讨论

将学生分成小组，让他们就职业规划的意义、方法和技巧进行讨论，并分享自己的看法和建议。这种形式可以促进学生的交流与互动，提升他们的思考能力和表达能力。

4. 实践操作

组织学生参与一些与职业规划相关的实践活动，如职业测评、职业访谈、实习等。这些活动能够帮助学生在实际操作中了解职业需求和职业发展路径，增强他们的实践能力和职业规划意识（图5-6）。

图5-6 “1+X”生涯规划考核

在课堂讨论和活动中，教师需要注意引导学生积极思考和发言，鼓励他们表达自己的想法和建议，并给予其适当的反馈与指导。同时，要注重活动内容的针对性和实用性，确保学生从中获得实际帮助和启示。此外，教师还可以通过讲解一些成功人士的职业规划案例，引导学生树立正确的职业观念和积极的心态，为他们未来的职业生涯打下坚实的基础。

相关链接

职业规划的本质

金树人老师在《生涯咨询与辅导》一书中写道：“一个人若是看不见未来，就掌握不了现在；一个人若掌握不了现在，就看不到未来。”这两句话深刻地揭示了职业规划的本质——回归自我，关注当下，面向未来（图5-7）。我们可以大胆地想象未来，以未来为指引，掌控现在，走好每一步，活出自己最精彩的样子。通过这样的过程，人人皆可成才、人人尽展其才。

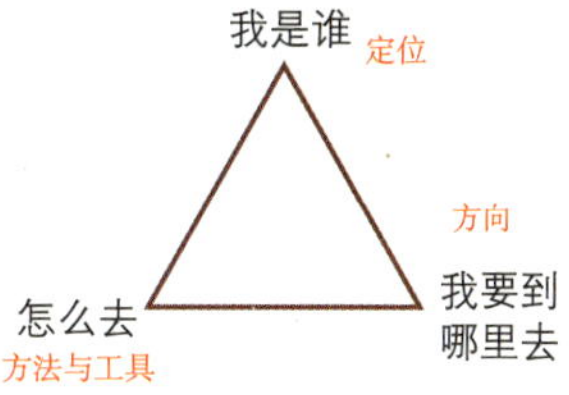

图5-7　职业规划的本质

如何以未来为指引？最简单的方法是为未来制定清晰、可实现的目标。设定目标能给自己带来希望。所有的行为将围绕这一希望凝聚，赋予生活意义。职业规划即是将自己托付于这一目标的奋斗与向往。

知识拓展

随着我国进入新的发展阶段，产业升级和经济结构调整不断加快，各行各业对技术技能人才的需求越来越紧迫，职业教育重要地位和作用越来越凸显。

落实好立德树人根本任务，健全德技并修、工学结合的育人机制。

——《国家职业教育改革实施方案》

课后微实践

探讨中职生职业规划意义活动的方案，可以包括以下几种：

1. 职业规划分享会

组织学生定期开展职业规划分享会，让他们分享自己的职业规划思路和经验，互相学习和借鉴。分享会可以采用小组讨论的形式，鼓励学生积极发言和交流，提升他们的表达能力和沟通技巧。

2. 实践行动计划

鼓励学生制订自己的实践行动计划，将职业规划转化为具体的行动方案，并定期检查和调整。学生可以制订学习计划、技能提升计划、实习计划等，以提升自己的职业竞争力和适应性。

3. 职业规划反思

组织学生定期进行职业规划反思，回顾自己的职业规划过程和成果，找出自己的不足和需要改进的地方。学生可以互相交流和讨论，找到适合自己的职业规划和成长路径。

4. 职业规划小组

鼓励学生组成职业规划小组，共同探讨和制定职业规划方案，互相支持和鼓励。

小组活动可以包括职业规划讨论、实践行动计划执行、行业信息分享等，增强学生的团队意识和协作能力。

5. 社会实践活动

组织学生参加各种社会实践活动，如志愿者服务、社会调查、创业实践等，让他们亲身感受社会和市场的变化与需求，增强对职业市场的认知和了解。

这些课后活动方案旨在帮助学生更好地理解职业规划的意义，增强实践能力和自信心，培养自我管理和决策能力，为未来职业生涯奠定坚实的基础。同时，这些活动还可以促进学生交流与合作，增强团队意识和协作能力。

6

主题活动

第六章

引　言

职业素养的养成，既需要知识的积累，也需要态度的锤炼，更需要实践的磨砺。我们期待通过职业素养主题活动，为中职生搭建学习、交流与反思的平台，助力大家在职业发展的道路上明确定位、突破瓶颈、实现价值，共同构建一个更具专业精神与人文关怀的教学生态。希望每一位同学都能从中汲取力量，以更坚定的信念、更扎实的技能、更开阔的格局，书写属于自己的职业华章！

让我们携手启程，以职业素养为帆，以奋斗精神为桨，在时代的浪潮中乘风破浪，成就卓越人生！

第一节　主题活动 1：加强爱国主义教育

一、活动背景

请扫描二维码观看视频

出生在和平年代的学生，对爱国主义缺乏理性认识，不清楚什么是真正的爱国。

为缅怀革命先烈、弘扬民族精神，培养学生的爱国主义情感，迫切需要将爱国教育引入校园、课堂，并深入学生的心灵，加强爱国主义教育（图 6-1）。

图 6-1　缅怀革命先烈

革命先烈的爱国主义精神值得我们铭记与学习，并积极弘扬。爱国既可以体现在轰轰烈烈的大事上，也可以体现在平凡的小事中。无论是革命年代还是和平年代，爱国始终是一个永恒的话题。

二、活动目的

通过一系列活动，学生产生了强烈的爱国意识，认识到热爱祖国是中华民族的传统美德。

加强同学们的德育和思想政治教育，帮助他们牢固树立民族自尊心和自信心。

三、活动准备

（1）准备庆祝中国共产党成立100周年大会仪式视频。

（2）收集歌颂祖国的歌曲。

（3）分组准备几则彰显爱国精神的典型故事。

（4）收集爱国主义的名人名言和诗歌。

什么是爱国主义？

爱国主义是热血青春！清华、北大的入伍学霸们写下了“祖国需要，我义不容辞”的誓言。2021年北京市上半年征兵工作已结束，30名清华、北大的学子响应号召，参军报国，奔赴疆场（图6-2）。临行前，他们留下誓言：“我甘愿扎根无人问津的边疆，只要祖国有需要，我义不容辞。”“为国防事业添砖加瓦，是我最无悔与光荣的选择！”面对祖国的号召，他们义无反顾地投入祖国的怀抱，绽放自己的风采。

图6-2 清华学子入伍

谈一谈上述故事对你的触动，谈谈自己的理想。

面对国家的号召，越来越多的大学生选择投身军营，优秀的青年都将青春奉献给了国防事业。这种报效祖国的精神，正是我们新时代青年应有的担当。掌握知识与技术的人才，才能让我们的祖国更强大，才能让祖国坚不可摧。对于这些同学，参军会收获很多，同时也会放弃很多，向所有去参军的同学致敬，也向所有军人致敬。

什么是爱国主义呢？爱国主义是指个人或集体对祖国怀有的一种积极和支持的态度，体现人们对祖国、历史文化的深刻认识，也体现人们对自己与祖国关系的深刻理解，以及在此基础上形成的坚定信念（图6-3）。在中华民族几千年绵延发展的历史长河中，爱国主义始终是激昂的主旋律，是激励我国各族人民自强不息的强大力量，也是中华民族不懈的价值追求。祖国的命运与党的命运、社会主义的命运是密不可分的。只有坚持爱国与爱党、爱社会主义相统一，爱国主义才是鲜活的、真实的。这是当代中国爱国主义精神最重要的体现。

说一说在日常生活中，你是如何表达爱国情感的？

在你身边是否存在一些不爱国的行为？（如在平时的言行、升国旗时的表现等方面）

我们要牢记“空谈误国，实干兴邦”的道理，爱国主义最终要落实到行动上。

图6-3　我爱你中国

第一，要把爱国主义的情感自觉转化为实际行动。

第二，要通过实际行动报效祖国。个人的奋斗有助于推动国家发展，而国家的发展则有利于实现个人的幸福。

第三，要将爱国主义的实际行动融入日常工作和生活。爱国主义的实际行动是多种多样的，不能简单化。只要我们心系祖国，把自己的工作与生活同社会发展、国家兴旺紧密联系起来，那么，日常的工作和生活就会成为培养爱国主义情怀的“修炼场”。

四、活动过程

活动一：学起来、唱起来

（1）播放庆祝中国共产党成立100周年大会升国旗仪式的视频。全体肃立，集体唱国歌。

随后，请大家谈谈此时的感受。

（2）播放学生代表发言视频——《请党放心，强国有我》。观看结束后大家交流感受，并分小组开展爱国主义歌曲比赛。

相关链接

我和我的祖国

我和我的祖国，一刻也不能分割，
无论我走到哪里，都流出一首赞歌。
我歌唱每一座高山，我歌唱每一条河，
袅袅炊烟，小小村落，路上一道辙。
我最亲爱的祖国，我永远紧依着你的心窝，
你用你那母亲的温情和我诉说。
我的祖国和我，像海和浪花一朵，
浪是那海的赤子，海是那浪的依托。
每当大海在微笑，我就是笑的旋涡，
我分担着海的忧愁，分享海的欢乐。
我最亲爱的祖国，你是大海永不干涸，
永远给我，碧浪清波，心中的歌。

你们还能列举哪些以爱国主义为主题的歌曲呢？
《团结就是力量》《没有共产党就没有新中国》《东方红》
《让我们荡起双桨》《歌唱祖国》《草原上升起不落的太阳》
《我的祖国》《我的中国心》《万里长城永不倒》……

爱国是一种情感、一种责任、一种美德，更是一种尊严。你们出生在幸福、和平的新时代，你们成长在安宁、稳定的社会中，作为新时代的少年，风华正茂，奋发昂扬。面对中国屈辱的历史，你们会感到群情激昂，产生“亮剑”的冲动。但今天的“亮剑”是科技的比拼，创新是民族的灵魂。你们不需要到“旧社会”走一遭，才懂得珍惜幸福、热爱祖国。你们的血液里流淌着父母的基因，未来必将成为有责任、能担当的一代。努力拼搏，总有一天，祖国会因你们而感到骄傲！

活动二：实践活动——用丝带编织中国结

课前准备好五彩丝带（以红色为主）。老师播放视频并讲解中国结的编织方法，学生分组开展活动，并评选出表现最优的小组。

中国结是一种非常古老的编织艺术，每一根丝线都象征着吉祥与如意（图6-4）。中国结不仅代表平安和幸福，还寄托了我们对未来的美好期望与憧憬，同时彰显浓厚的中国情怀。它如同中国的整体形象，一个人的力量或许微不足道，但亿万人民的力量汇聚在一起，便形成了强大的中国力量。只要所有人的心紧紧相连，形成一个团结的整体，彼此支持，守望相助，那份联系便如中国结一般，剪不断，扯不开。

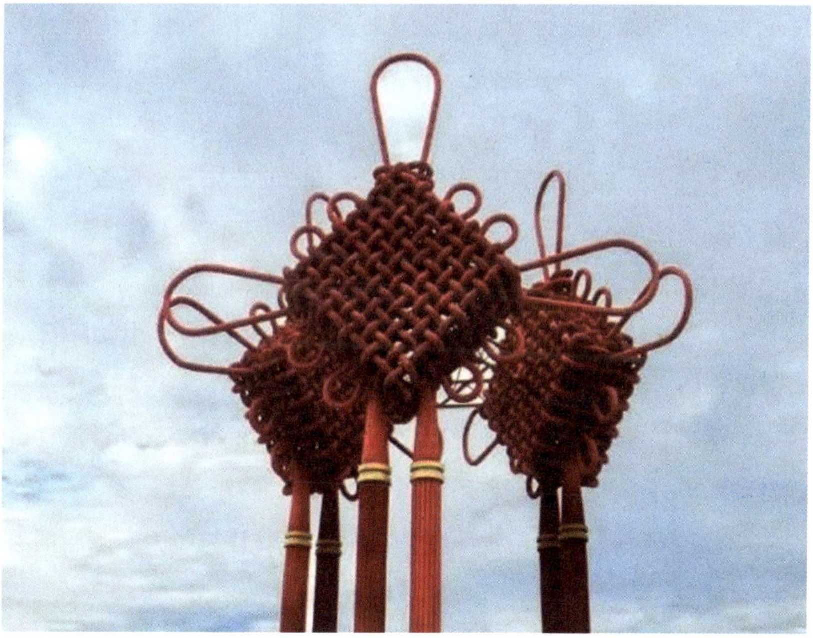

图6-4 中国结

活动三：小组展示收集的爱国主义名人名言

相关链接

（1）天下兴亡，匹夫有责。 ——顾炎武

（2）人生自古谁无死，留取丹心照汗青。 ——文天祥

（3）先天下之忧而忧，后天下之乐而乐。——范仲淹

（4）人民不仅有权爱国，而且爱国是一种义务，是一种光荣。——徐特立

（5）我们自古以来，就有埋头苦干的人，就有拼命硬干的人，就有为民请命的人，就有舍身求法的人，这就是中国的脊梁。——鲁迅

（6）我有我的人格、良心，不是钱能买的。我的音乐，要献给祖国，献给劳动人民大众，为挽救民族危机服务。——冼星海

（7）唯有民魂是值得宝贵的，唯有他发扬起来，中国才有真进步。——鲁迅

（8）大江歌罢掉头东，邃密群科济世穷。面壁十年图破壁，难酬蹈海亦英雄。——周恩来

（9）我爱我的祖国，爱我的人民，离开了她，离开了他们，我就无法生存，更无法写作。——巴金

（10）我是中国人民的儿子，我深情地爱着我的祖国和人民。——邓小平

活动四：磨砺强国之志，践行报国之行

作为中职生，你们如何践行自己的爱国之志？（从国家情怀的大局到服务地方的小事）

小组开展“歌唱祖国”的诗歌朗诵比赛

爱国精神是一种无形的力量，它深植于全国人民的心中，不断绽放光芒，也是中职生应当践行的重要精神。

首先，中职生应大力弘扬以爱国主义为核心的民族精神，全面掌握并熟悉有关爱国、敬业、诚信、友善等内容，将其融入自己的思想和行为，用实际行动彰显爱国情怀。

其次，中职生应以实际行动体现爱国之心。例如，积极参与公益活动，支持公益事业，通过自己的努力为社会做出贡献。

再次，中职生应努力奋斗、奋发图强，将自己的智慧与能力奉献给国家，为国家的繁荣与发展贡献力量。

最后，中职生应时刻关注国家大事，关心社会动态，培养热爱祖国的情感，用实际行动表达对祖国的热爱与尊敬。唯有如此，才能真正展现自己深厚的爱国情怀，彰显新时代中职学生的责任与担当。

总之，中职生要通过实际行动体现爱国精神，并在言行中贯彻爱国思想。只有用自己的行动向社会展示最美好的形象，才能真正彰显爱国精神。

相关链接

我的祖国（诗歌）

我的祖国，高山巍峨，
雄伟的山峰俯瞰历史的风狂雨落，
暮色苍茫，任凭风云掠过。
坚实的脊背顶住了亿万年的沧桑从容不迫。
我的祖国，大河奔腾，
浩荡的洪流冲过历史翻卷的漩涡，
激流勇进，洗刷百年污浊，
惊涛骇浪拍击峡谷涌起过多少命运的颠簸。
我的祖国，地大物博，
风光秀美孕育了瑰丽的传统文化，
大漠收残阳，明月醉荷花，
广袤大地上多少璀璨的文明还在熠熠闪烁。
我的祖国，人民勤劳，
五十六个民族相濡以沫，
东方神韵的精彩，人文风貌的风流，
千古流传着多少美丽动人的传说。
这就是我的祖国，
这就是我深深爱恋的祖国。
我爱你源远流长灿烂的历史，
我爱你每一寸土地上的花朵，
我爱你风光旖旎壮丽的河山，
我爱你人民的性格坚韧执着。
我的祖国我深深爱恋的祖国。

课后阅读

爱国主义，人生最大的追求

“你是中国人吗？”“你爱中国吗？”“你喜欢中国吗？”1935年9月17日，在南开大学新学年开学典礼上，著名教育家张伯苓向学生们提出了三个问题。那时，中华民族正处在危亡之际。作为一位有着深厚使命感的爱国主义教育家，张伯苓忧心忡忡。他觉得，有必要通过一次演讲，与南开学生谈谈办学宗旨、家乡和国家的意义。张伯苓告诉学生，如果你是中国人，如果你爱中国，如果你想中国好，请反省自己，为家庭、国家和公众团结起来。

这“爱国三问”就像一记耳光，更像一把火炬，瞬间点燃了学生的爱国情怀，使南开的学生真切感受到国家的危机和民族的责任。许多学生从此投身救国运动。当时，所有有理想、有热血的年轻人都崇尚爱国主义。尽管刀锋威胁着身体，子弹逼近了眼睛，但他们的大脑中却有一个坚定的信念——“誓死保卫祖国”。两年后，日本侵略者全面入侵中国。抗战初期，培养爱国主义精神的南开大学校园成为日军炮击的目标。秀山堂、礼堂等建筑一个接一个被毁。然而，正如张伯苓校长所说：“被摧毁的是南开的物质，南开的精神将更加旺盛。”张伯苓的哭声为何不是所有中国人的哭声？中华民族的昨天可以用“雄关漫道真如铁”来形容。而在近代，中华民族面临外国侵略者践踏的严峻形势。这种惨痛的苦难和巨大的牺牲在世界历史上都是罕见的。然而，中国人民从未屈服，而是继续战斗，最终掌握了自己的命运，开启了建设自己国家的伟大进程。越来越多的有识之士奋起呐喊，爱国精神也深深扎根于一代又一代中国人的心中。

近代以来，以爱国主义为核心的中华民族精神被激发到新的高度。章太炎曾总结道：“用中华文化的精髓来振奋物种，增强爱国主义精神。”孙中山也曾说过：“做人的最大事情是什么？就是知道怎么爱国。”为了激发“同胞之民”的民族自信心和自豪感，一批进步知识分子开始深入探索，整理民族遗产，利用中华民族悠久的历史和丰富的文化遗产进行爱国主义教育。

爱国主义是最深刻、最强烈的情感。中国人民的爱国主义如日月常青，是中华民族的精神力量，是中华民族永葆生机的源泉。历经千年沧桑，把56个民族、14亿人团结在一起，是我们共同经历的非凡奋斗，是我们共同创造的美好家园，是我们共同坚守的理想信念。

爱国主义是人生中最重要的信念，是人生的方向盘。不论树影有多长，它的根始终扎在土壤之中。一个人若想有所成就，首先需要有自己的抱负。而人生中最重要的抱负，应当与祖国紧密相连。这是人生的旗帜和脊梁。正如当年的南开学子一样，我们在和平崛起的道路上虽然面临不同的挑战，但可以选择相同的奋斗方向。如何从每个人做起，让全体中国人民手拉手、肩并肩，勇敢奋斗、奋发有为，共同实现中华民族从站起来、富起来到强起来的历史性跨越，这是值得我们深刻思考的问题。

今天，我们比历史上任何时候都更接近实现中华民族伟大复兴的目标；我们也比历史上任何时候都更有信心和能力去实现这一目标。然而，我们必须清醒地认识到，中国作为一个人口众多的发展中大国，在发展道路上仍然面临巨大的风险和挑战。无论遇到怎样的坎坷和艰辛，只要我们与祖国同心同德，祖国就一定能够走向富强，中华民族必将实现伟大复兴！

第二节 主题活动2：增强文化自信

一、活动背景

习近平总书记强调："坚定文化自信，是事关国运兴衰、事关文化安全、事关民族精神独立性的大问题。"在新时代，坚定文化自信、推动中国特色社会主义文化建设，需要充分发挥地域文化的特色和优势。地域文化是区域的形象，直接影响区域的知名度和美誉度，也决定区域的品牌和魅力。然而，目前中职生对地方文化的了解相对不足，对地方文化的认知较为浅显，综合分析能力也有待提升。尽管部分学生对学习地方文化有一定的兴趣和意愿，但由于缺乏系统性教育，他们的学习需求尚未得到充分满足。

二、活动目的

职业教育不仅要培养技能，还要实现科技与人文素养的结合。作为中职生，要热爱祖国文化，激发自身的文化自信，就需要多学习家乡的地方文化，不断提升自己的文化素养和水平。这对于构建健康向上的价值观、人生观具有非常重要的意义。

三、活动准备

（1）磬石琴一台，喇叭两个，泗州戏服两套，用于学习简单的弹唱演奏。

（2）搜集并整理关于泗州戏、菠林喇叭、磬石琴演奏的文字、图片和视频素材。

（3）提前组织学生走进学校非遗传承学院，观摩并练习三项非遗传承项目。

（4）活动将在学校非遗传承活动室开展，并邀请非遗传承大师现场指导。

四、活动过程

活动一：听听拉魂腔

1. 邀请非遗传承大师演唱泗州戏选段

2. 泗州戏简介

泗州戏是安徽淮河两岸地区的地方传统戏剧，也是安徽省四大剧种之一，原名“拉魂腔”，距今已有二百多年的历史。许多人认为它发源于江苏省北部海州一带，最初是当地农民以“猎户腔”和“太平歌”等民间曲调即兴演唱的小戏，后传入泗州，并吸收当地民间演唱艺术，逐渐形成了安徽的“拉魂腔”泗州戏。泗州戏的唱腔和念白兼具北方戏曲的激昂慷慨与南方戏曲的温柔舒缓；既有难度极大的花腔和花舌，又有民间琴书的平实、质朴。

唱一唱：请两位同学穿上提前准备好的戏服，到讲台上演唱泗州戏选段（图6-5）。教师进行实时指导，以增强活动效果，使学生深刻地感受地域文化的魅力。

图6-5 非遗传承学院泗州戏社团学生在学唱泗州戏

请扫描二维码观看视频

3. 地域文化的形成

地域文化是指在特定区域内，经过长期形成历史悠久、底蕴深厚、具有鲜明特色并流传至今仍发挥作用的文化传统。在古代交通条件不发达的情况下，不同地域的地理结构、自然环境和气候条件各异，造就了不同的历史进程，孕育了各具特色的文化，从而形成了多样的地域文化。

4. 感受地域文化中的文化自信

地域文化既是中华优秀传统文化的符号，又是中国革命文化的象征，更是社会主义先进文化的核心基因。它在培育以中华优秀传统文化为根基、以革命文化为底色、以社会主义先进文化为灵魂的中国特色社会主义文化自信方面具有重要意义。

地域文化作为文化自信的基石，其鲜明的特色和深厚的底蕴是源远流长的中华文化的重要组成部分，也是中华民族的宝贵精神财富。

相关链接

文化自信与道路自信、理论自信、制度自信是相互联系、不可分割的统一整体。文化自信是“最根本的”，是更基础、更广泛、更深厚的自信。增强文化自信，是坚定道路自信、理论自信、制度自信的重要内容之一。

活动二：吹吹喇叭

1. 邀请非遗大师吹奏菠林喇叭

2. 菠林喇叭简介

菠林喇叭于2014年11月11日经国务院批准列入第四批国家级非物质文化遗产代表性项目名录。在灵璧地区，菠林喇叭拥有悠久的吹奏历史，是皖北地区民间器乐中最具代表性的鼓吹乐种之一（图6-6）。

图6-6 师生舞台演奏《丰收中国》

自清末形成以来，菠林喇叭以曲牌丰富、音乐独特、礼仪彰显、流传不衰而闻名于世。它既保留了传统特色，又在传承中不断创新发展，技艺得到广泛传播，为我国民族民间音乐的发展做出了重要贡献。

菠林喇叭在百余年的传承和发展中，始终坚守传统文化，同时不断开拓创新。其演奏内容以礼乐为核心，包括《迎宾客》《庆贺令》《百鸟朝凤》《雁落沙滩》等四部曲目，完整地展现了人生重要时刻的礼仪音乐。演奏风格在《大小开门》《梵字调》中得以集中体现，既保留了南派唢呐高亢嘹亮的特点，又展现了温柔细腻的独特气质。

吹一吹：请两位同学到讲台尝试吹奏预先准备好的唢呐，并进行指导，帮助他们掌握基本腔调，提升活动效果，同时使学生加深对文化自信的理解。

3. 对文化自信的理解

(1) 原因：文化自信是一个国家、一个民族在发展过程中最基本、最深沉、最持久的力量。坚定文化自信，关系到国家的兴盛、文化的安全以及民族精神的独立性。没有高度的文化自信，没有文化的繁荣与兴盛，就没有中华民族伟大复兴。

(2) 来源：我们的文化自信来源于对时代发展潮流和中国特色社会主义伟大实践的深刻把握，来源于对自身文化价值的充分肯定，以及对自身文化生命力的坚定信念。

(3) 表现：文化自信表现为对中华文化发展前途充满信心、对中国特色社会主义文化发展道路充满信心、对社会主义文化强国目标充满信心。

活动三：敲敲磬石琴

1. 邀请非遗大师演奏磬石琴

2. 磬石琴简介

磬石琴的结构极为简单，由一个可以开合的长方形木箱和一组磬石制成的琴键组成，另有一个小木槌用于敲击（图6-7）。磬石琴的音阶是根据琴键的长短和厚薄来区分的。磬石琴操作简便，音质纯净，非常适宜作为修心养性的赏玩之物。

图6-7 教师在指导学生演奏磬石琴

敲一敲：请学生到讲台上击打提前准备好的磬石琴，教师跟进指导，敲击出优美的旋律，增强活动效果，培养学生的文化强国理念。

请扫描二维码观看视频

3. 青少年怎样为建设文化强国做贡献

（1）树立远大理想，努力学习科学文化知识。

（2）学习中华优秀传统文化，积极参与文化活动。

（3）大力宣传优秀传统文化知识，让更多人了解我国文化。

（4）喜爱并保护文物古迹，向有关部门建言献策。

（5）增强自身判断力，自觉抵制腐朽文化，加强与外来优秀文化的交流。

五、活动建议

（1）学生做好课前准备，争取在泗州戏、菠林喇叭、磬石琴三项中选择一项并能熟练表演。

（2）非遗大师对悟性较高的学生进行重点培训，给予针对性指导，帮助其深入掌握相关技艺。

（3）教师在活动的各个环节中应注意前后衔接，确保活动流程顺畅，提升活动效果，并做好总结工作。

第三节　主题活动3：加强中国传统文化教育

一、活动背景

中国传统文化博大精深、源远流长，是深刻影响国家和民族发展的精神信念与文化传承。然而，对于部分中职生而言，他们对中国传统文化了解较少、认识不足，缺乏民族自豪感和文化认同感。在传承中国传统文化方面，他们也存在无从着手的困惑。这些问题不仅制约了中职生政治文化素养的提升，也给中国传统文化的传承与弘扬带来了不利影响。

二、活动目的

（1）通过本次活动，让学生切身感受中国传统文化的独特魅力，增强对传统文化的认知与认同。

（2）引导学生认识到中国传统文化在个人成长与发展中的重要作用，为其树立文化自信、提升综合素养奠定基础。

（3）通过学习中国传统文化，学生在体验和感悟中养成自觉传承优秀传统文化的行为习惯，努力提升传统文化素养。

三、活动准备

（1）搜集并整理身边优秀的传统文化素材，如地方风土人情、人文历史、非遗传承项目等，形成文字、图片和视频材料。

（2）组织学生欣赏图文并茂的灵璧非遗传承项目，感受“灵璧三元文化”的魅力。

四、活动过程

活动一：传统文化知多少

传统文化的一张名片——灵璧石文化

赏石艺术于2014年经国务院批准列入第四批国家级非物质文化遗产代表性项目，成为中华民族传统文化的重要组成部分。灵璧石属碳酸盐岩，形成于约9亿年前。灵璧石文化起源于殷商时代，当时先人们用灵璧石制作乐器“磬”，后来其成为皇宫专用乐器，被誉为世界上最古老的乐器之一。灵璧石主要石种有30余种，其特点是兼具声、形、质、色、纹、意六美。灵璧石位列古代四大名石之首。宋代杜绾所著《云林石谱》列举奇石116种，其中灵璧石被列为第一位。灵璧石文化兴起于唐代，兴盛于宋代，延续至元、明、清时期，并在当代得到进一步发展。尤其是赏石艺术被列入国家级非物质文化遗产代表性项目后，灵璧石文化得以快速发展，焕发新的活力（图6-8、图6-9）。

请扫描二维码观看视频

赏一赏：灵璧历史名石，发表欣赏感受。

灵璧巨石“庆云峰”高9.1米、宽2.95米、厚2.24米，重量达136吨，创下灵璧石大世界吉尼斯之最的纪录（图6-10）。

图6-8 2007年9月灵璧县被国土资源部和中国观赏石协会命名为“中国观赏石之乡”

图6-9 赏石艺术非遗传承人——张超老师

石体上布满1600多个孔洞，孔孔相连、洞洞相生，堪称静思园的镇园之宝。

此石原为宋代灵璧“花石纲”老坑遗石，形成于寒武纪海相沉积环境。传说清乾隆皇帝曾欲将其置于御园，但未能如愿。千载尘封，这块巨石鲜为人知。静思园园主

图6-10 “庆云峰”

曾八次前往灵璧探寻秘石，历经三年，最终将此宝石收入园中。

想一想：我们还知道哪些传统文化？传统文化的内涵是什么？

内涵：中国传统文化是中华民族及其祖先所创造并传承至今的文化体系，它历经数千年发展，形成了独特的民族特色，内涵丰富而深厚，体现了优良的传统价值。

活动二：传统文化大家谈

谈谈虞姬文化

每当提及文化，相信许多有识之士会产生丰富的联想，认为文化是多方面的，也是独特的，具有鲜明的时代特点和不同的内涵与风格。因此，从这个角度来看，文化是地方或企业的特色之一，是需要弘扬和彰显的内容。只有围绕文化、坚持文化、发扬文化，才能将其推向新的高度。如此，文化的作用和氛围将有所显现，力量亦会有所增强。

虞姬，是我国历史上一位著名人物。这位风云人物虽然最终未能逃脱封建社会传统与礼教的束缚，并以悲剧收场，成为历史上的悲情人物，这似乎是命中注定的。但仔细思考，不难发现，其实并非如此。她有其独特的一面，也有广泛的影响和深刻的教育意义。虞姬是一位善于突破传统、张扬个性、逆流而上的女性。她的身世、经历以及她对历史文化的传承，对后世都有着非同一般的教育和借鉴作用。虞姬文化在某种程度上代表了历史文化和传统文化，同时体现了独特的特色文化（图6-11）。

图6-11　西楚霸王项羽与爱妾虞姬

谈一谈：同学们结合历史知识，以垓下遗址之一——虞姬墓为重点（图6-12），谈一谈楚汉文化，以及我们对传统文化的理解。

（1）传统文化在漫长的发展历程中，早已渗透到个人生活的方方面面。在这样的背景下，传统文化规范了个人的行为与习惯，使人们能够有标准来判定行为的对错，从而形成了大众的价值观。正是因为传统文化拥有这些优势，才能历久弥新，传承不断。

（2）在现代社会中，随着科学技术的快速发展，人们的物质生活水平不断提升。然而，传统文化在西方文化冲击下出现的“文化断层”现象值得我们深刻思考。因为传统文化不仅记录着先贤的智慧，也承载着民族过往的辉煌岁月。

（3）传统文化能够更好地培养个人的素养，从而更充分地展现个人的内在魅力。然而，对于当今许多人而言，这方面的素养有所欠缺。随着互联网的迅猛发展，各种形式的娱乐活动层出不穷。在强烈的视觉冲击下，个人的时间和精力早已被其大幅占据。

图6-12 安徽省重点保护文物——虞姬墓

(4) 传统文化不仅能够启迪孩子的智慧，还能够为孩子建立一定的行为规范，从而帮助其在成长过程中养成良好的习惯。这既可以减轻父母的忧虑，也可以为家庭增添荣耀，可谓一举多得，何乐而不为？

活动三：传统文化我传承

薪火相传 · 钟馗文化

钟馗文化是中国传统文化的重要组成部分。它起源于远古时期的“大傩之仪”，钟馗的形象由远古图腾演变而来。在中国《百神图》中，钟馗是众多神灵中具有特殊身份的一位。他集人、鬼、神的特质于一身，既有人类的情感，又有鬼怪的奇异特征，更具神灵的威严，是“伸张正义、驱除邪祟”的象征，千百年来深受人们的尊敬与推崇。钟馗画是钟馗文化的重要组成部分，而灵璧钟馗画则是钟馗文化衍生的独特艺术形式。灵璧钟馗画起源于唐代吴道子创作的“钟馗样”粉本。经过历代传承，至清末灵璧画家翟光远的钟馗画达到艺术高峰。他的作品于1915年在巴拿马万国博览会上获得金奖，从此灵璧钟馗画声名远扬，享誉海内外。2003年，灵璧县被文化部授予“中国民间艺术（钟馗画）之乡”称号，而灵璧钟馗画于2006年被列为安徽省第一批省级非物质文化遗产名录（图6-13）。

图6-13 老师在指导学生创作钟馗画

相关链接

非遗传承：铸牢中华民族共同体意识教育的时代呼应与价值导向。

党的二十大报告中，习近平总书记再次强调铸牢中华民族共同体意识的主线地位。此外，习近平总书记多次强调中华优秀传统文化的重要性，并提出“传承和弘扬中华优秀传统文化”。非物质文化遗产作为中华优秀传统文化的重要组成部分，是铸牢中华民族共同体意识教育的重要资源。当前，铸牢中华民族共同体意识教育逐渐走向常态化和系统化。积极探索非遗传承在铸牢中华民族共同体意识教育中的价值与功能，不仅是对非物质文化遗产的有效保护和传承，更是推进铸牢中华民族共同体意识教育的时代呼应。

想一想：作为中职生，如何传承优秀传统文化？

（1）取其精华，去其糟粕，批判继承，古为今用。对于传统文化中符合社会发展要求、积极向上的内容，应当保持并发扬；对于传统文化中不符合社会发展要求、落后甚至腐朽的部分，必须进行改造或剔除。

（2）树立高度的文化自觉和文化自信，坚持对传统文化进行创新，坚持正确方向，克服错误倾向。

（3）把握好文化继承与发展的关系，在继承的基础上发展，在发展的过程中继承，批判地继承传统文化，不断推陈出新，革故鼎新。

五、活动建议

（1）观看灵璧三元文化视频，了解非物质文化遗产的传承，感受优秀传统文化。

（2）查阅资料，每人收集一个传承中华优秀传统文化的名人事例，写成文字，在课堂上以讲故事的形式与同学们分享。

课后阅读

传统文化小故事——士别三日，刮目相待

东汉末年东吴的吕蒙，可以说是一个博学多才的人。周瑜去世后，吕蒙继任东吴的都督，设计击败了关羽。

吕蒙原本是一个不务正业、不肯用功的人，因此没有什么学识。鲁肃初次见到他时，觉得他没有什么值得称道的地方。然而，后来鲁肃再次遇到吕蒙时，发现他与从前截然不同，显得威武非凡。与他谈论军事问题时，吕蒙表现出丰富的学识，这令鲁肃感到非常惊讶。鲁肃便开玩笑说道："如今你的学识如此出众，既英勇又有谋略，早已不再是当年的吴下阿蒙了。"

吕蒙回答道："士别三日，当刮目相待。"吕蒙的这句话，原文是"士别三日，刮目相待"。

后来，人们便用"士别三日"这个成语来赞扬一个人在短时间内取得显著进步。

第四节　主题活动4：加强职业精神和职业道德教育

一、活动背景

在经济利益的冲击下，部分中职生仅仅将未来的职业视为赚钱谋生的手段，认为学习的目的只是找到一份好工作，对职业精神和职业道德缺乏重视，甚至不屑一顾。他们对职业精神和职业道德缺乏正确的认识与判断。因此，加强职业精神和职业道德的教育显得尤为重要。这不仅能够提升他们对职业的认知，还能帮助他们树立正确的职业精神和职业道德，进而提升人生境界，实现人生价值，同时促进社会的文明与进步。培养中职生职业精神与职业道德的最终目标，是让其在职业生涯中提升人生境界，实现人生价值。

二、活动目的

活动目的是帮助中职生牢固树立"爱岗敬业、诚实守信、服务人民、奉献社会"

的职业精神，提升其职业道德修养与综合能力，特别是帮助中职生将职业知识、职业能力、职业精神和职业道德有机结合，提升职业道德认知，增强职业道德情感，锤炼职业道德意志，努力成为新时代德才兼备的接班人。

三、活动准备

（1）收集2022年劳动模范颁奖视频。

（2）收集关于许振超和王顺友光荣事迹的新闻报道。

（3）收集新时代职业人的故事。

四、活动过程

新时代的职业人

许振超是一名普通的码头工人，但他勤奋好学，最终成为一名“桥吊专家”。许振超只上过一年多的初中，却凭借刻苦学习和不断实践，成了码头上人人皆知的“许大拿”。许振超的成功并没有什么特别的秘诀，用他的话来说，就是不断学习。20世纪70年代，他刚进入港口工作时，其他工人上班时只带个饭盒，而他的包里却多了一本书。到上海港学桥吊，别人周末去逛上海滩，而他一门心思地泡在码头上鼓捣图纸。他相信：知识可以改变命运，岗位能够成就事业！他说过一句令工友们感到震撼的话：“一个人可以没文凭，但不可以没知识；可以不进大学殿堂，但不可以不学习。”

学习使人进步。学习的过程是一个不断解放思想、继承创新、加快发展的过程。只有不断用新的知识武装头脑，才能把握新的发展机遇，接纳新事物和新观念。1984年，34岁的许振超被选为青岛港第一批集装箱桥吊司机。桥吊司机的工作是在四五十米的高空，凭借左右手控制操纵杆，指挥吊具升降、前进和后退，在集装箱间“穿针引线”。仅有初中文化的许振超立足本职，干一行、爱一行、精一行，练就了“一钩准”“一钩净”“无声响操作”等绝活。

学无止境。“活到老，学到老”这句老话，许振超深刻体会到其中的精髓。他用一种严谨的求学态度鞭策自己，警醒自己不能满足于一知半解。他既注重知识的更新，也不断追求进步。正是基于这种认识和百折不挠的钻研精神，许振超在入港30年间，实现了年年有创新。

更可贵的是，他不仅自己学习，还带领工友们一起学习。他将自己多年积累的驾驶和维修桥吊技术总结编写成一本《装卸桥司机操作手册》，把成才的经验传授给大家，并亲手培养出“王啸飞燕”“显新穿针”等一大批优秀的品牌工人。

许振超将学习与实际紧密结合，他用学到的知识解决了大量实际问题。每条战线上的职工，如果都能像许振超这样，认认真真地学习，踏踏实实地工作，从本单位、本部门的“小事”着眼，提出几条合理化建议，进行几项小改革，彰显知识的力量，那么大批技术能手的涌现将是水到渠成的结果。许振超曾先后荣获青岛市劳动模范、青岛市优秀共产党员、山东省有突出贡献工人技师、山东省自学成才先进个人、全国“五一劳动奖章”获得者、全国交通系统劳动模范、全国劳动模范、全国优秀共产党员等称号，被誉为新时期产业工人的杰出代表。他曾任山东港口青岛港青岛前湾集装箱码头有限责任公司工程技术部固机高级经理，中华全国总工会副主席（兼职），第十一届、十二届、十三届全国人大代表。2018年12月18日，中共中央、国务院授予许振超“改革先锋”称号，并获颁改革先锋奖章。2019年9月25日，许振超获“最美奋斗者”称号。2024年9月29日，许振超被颁授“人民工匠”国家荣誉称号奖章。

活动一：议一议

你如何理解新时代的职业人？

职业道德和职业精神是什么？现代职业工作者的基本素质用四个字“德才兼备”即可高度概括。首先，现代职业工作者必须具备良好的职业道德和忘我的敬业精神，忠诚于企业、忠诚于职业，尽职尽责。其次，现代职业工作者必须具备良好的专业素质，即良好的业务素质，接受过良好的教育，经受过实践的锻炼，有宽广的胸襟，远大的目光，开阔的视野，勇于创新。

职业道德的概念可以分为广义和狭义两个层面。广义上的职业道德是指从业人员在职业活动中应遵循的行为准则，涵盖从业人员与服务对象、职业与职工、职业与职业之间的关系。狭义上的职业道德则是指在特定职业活动中应遵循的、体现该职业特征的、用以调整特定职业关系的行为准则和规范。我们应大力倡导以“爱国、爱岗敬业、诚实守信、办事公道、服务群众、奉献社会”为主要内容的职业道德，鼓励每一位从业人员发扬主人翁的敬业精神，尽职尽责，始终保持高昂的热情和干劲，真正做到“干一行爱一行，干一行专一行”，切实提升自身职业素养。

职业精神是与人们的职业活动紧密相关的，具有职业特征的精神和操守。从事某一职业的人应具备与之相符的精神、能力和自觉性。职业精神由职业理想、职业态度、职业责任、职业技能、职业纪律、职业良心、职业信誉、职业作风等基本要素组成。职业精神的实践内涵体现在敬业、勤业、创业、立业四个方面。

职业道德修养和职业精神是一个不断发展的过程。我们应当保持学习的态度，不断提升自身的技能和知识水平，积极弘扬职业精神，尽职尽责，紧跟行业的发展与变化，在不断推进中国特色社会主义伟大事业中贡献自己的聪明才智。

相关链接

职业精神的八大要素

1. 职业理想

社会主义职业精神所提倡的职业理想，主张各行各业的从业者放眼社会利益，努力做好本职工作，全心全意为人民服务、为社会主义服务。职业理想是社会主义职业精神的灵魂。

2. 职业态度

树立正确的职业态度是从业者做好本职工作的前提条件。职业态度具有经济学和伦理学的双重意义，它不仅揭示了从业者在职业生活中的客观状况以及他们参与社会生产的方式，也体现了他们的主观态度。

3. 职业责任

这包括职业团体责任和从业者个体责任两个方面。在国家与企业的责权利关系中，责任是主导因素。其关键在于，从业者要将客观的职业责任转化为自觉履行的道德义务，这是社会主义职业精神的重要组成部分。

4. 职业技能

在社会主义现代化建设过程中，职业对职业技能的要求日益提高。我国经济建设的实践表明，各级科技人员之间以及科技人员与工人之间只有保持适当的比例，生产建设才能顺利推进。良好的职业技能蕴含着深刻的职业精神价值。

5. 职业纪律

社会主义职业纪律是从业者在利益、信念和目标基本一致的基础上形成的高度自觉的新型纪律。从根本上说，社会主义职业纪律可以保障从业者的自由和权利，并促进从业者发挥主动性和创造性。

6. 职业良心

这是从业者对职业责任的自觉意识，在职业生活中发挥着重要的作用，贯穿职业行为过程的各个阶段，成为从业者重要的精神支柱。

7. 职业信誉

职业信誉是职业责任和职业良心的价值尺度，包括对职业行为的社会价值所做出的客观评价和正确认识。社会主义职业精神强调职业信誉，重视将社会的客观评价转化为从业者的自我评价，促使从业者自觉弘扬社会主义职业精神。

8. 职业作风

职业作风是从业者在职业实践中表现的一贯态度。从总体上看，职业作风是职业精神在从业者职业生活中的习惯性表现。职业集体具备优良的职业作风，可以互相教育，互为榜样，形成良好的职业风气。

活动二：敬业故事我来讲

同学们收集并讲述身边的敬业故事，评选出最佳小组。

故 事

站好最后一班岗

公司决定裁员，内勤部的小玉和小娟都被列入裁员名单，计划一个月后离岗。

第二天上班，小玉心里憋着气，情绪非常激动，什么工作也干不下去。一会儿找同事哭诉，一会儿找主任申冤。像传送文件、收发信件这些她原本应该负责的工作，全都被撂在一边，最后不得不由其他人替她完成。而小娟呢，虽然也哭了一整晚，但伤心归伤心，转念一想，离正式下岗还有一个月，工作总不能因此荒废，她决定认真站好最后一班岗。于是，她默默地打开计算机，拉出键盘，继续敲打文稿。同事们知道她即将下岗，心里多少有些过意不去，不好意思再让她帮忙打字。但小娟主动与大家沟通，热情地揽下工作。她说："是福不是祸，是祸躲不过。反正事情已经这样了，不如好好干完这个月，以后想再跟你们一起共事，可能就没有机会了。"听她这么说，同事们也就恢复了从前的状态："小娟，把这个打出来，快点儿。""小娟，把这个传出去。"每次听到呼唤，小娟总是连声答应，手指飞快地敲击着键盘，随叫随到，勤勤恳恳地做着各种事情。她始终坚守自己的岗位，认真履行职责。

一个月后，小玉如期下岗，而小娟却被从裁员名单中撤下，成功留了下来。主任当众宣布了经理的决定：小娟的岗位无人能够替代，像小娟这样的员工，公司永远都不会嫌多。

说一说：

（1）这个职场小故事给你的启示是什么？

（2）你怎么理解"认真站好最后一班岗"这句话？

对于一名员工来说，无论在工作中处于何种职位、承担什么职责，都不能仅仅把自己当作一名打工者，而是要拥有主人翁的精神。从国家的角度来看，在社会主义条件下，每一位劳动者都是国家的主人，拥有平等的人格尊严和法律地位，并且都在为国家贡献自己的力量。从个人的角度来看，每一位员工在实际工作中所积累的知识、经验、技能，以及建立的人脉，都是自己的宝贵财富。因此，我们在为公司工作的同时，也是在为自己工作，理应保持认真负责的工作态度，具备忠于职守的敬业精神。

活动三：查阅资料

收集五条关于职业道德和职业精神的名人名言。

相关链接

（1）我的生命属于整个社会。在我有生之年，尽我所能为整个社会工作，这就是我的特殊荣幸。

——萧伯纳

（2）古今中外，凡成就事业、对人类有所作为的，无一不是脚踏实地、艰苦攀登的结果。

——钱三强

（3）本来事业并无大小：大事小做，大事变成小事；小事大做，小事变成大事。

——陶行知

（4）虚荣的人注视着自己的名字，光荣的人注视着祖国的事业。　——何塞·马蒂

（5）神圣的工作在每个人的日常事务里，理想的前途在于从一点一滴做起。

——谢觉哉

活动四：感知劳模故事，提升职业品质

谈一谈，中职生如何践行高尚的职业道德和职业精神？

故　事

一个人、一匹马、一条路和一颗温暖的心

四川省木里藏族自治县高山连绵起伏，平均海拔3000米，地广人稀，不通公路，不通电话。以马驮人送为手段的邮路，是与外界联系的唯一途径。1984年，19岁的王顺友从干了30年马班邮路的父亲手中接过缰绳，开始了自己与马为伴的生活。一个人、一匹马、一条路，这一走就是30多年。他从未延误过一个班期，从未丢失过一份邮件，投递准确率达到100%。王顺友坚信一个理：“送信的工作是伟大的，伟大之处就在于邮政的工作是在为老百姓做事情！”

2005年1月6日，王顺友送完倮波乡的邮件准备返回白碉乡时再次遇险。当时，他刚要上横跨雅砻江的吊桥时，吊桥的一根钢绳突然断了，整座吊桥翻了个180度，正走

在桥上的一个马夫由于手快，伸手抓住了另一根钢绳，慢慢地爬回了岸边。另一个马夫和九匹骡马则坠入江中，瞬间就淹没在湍急的江水中，紧随其后的王顺友吓出了一身冷汗。看到当时场景的人在为王顺友感到庆幸的同时都问他："你害怕吗?"王顺友说："哪个不害怕哟，但是人总有一死，如果是为工作而死，值得!"

正是凭着这种极端负责的工作态度，王顺友被誉为中国邮政"马班邮路"的忠诚信使。王顺友曾当选过中国共产党第十八次全国代表大会代表，登上过万国邮联讲坛，荣获过"新中国成立以来感动中国人物""新中国成立以来四川省最具影响力劳动模范""全国五一劳动奖章"等荣誉。

故　事

航天"手艺人"创造零次品神话

一块比头发丝还细的边角料，经他加工，就成了飞机上举足轻重的零部件。他就是国产飞机的首席钳工——胡双钱，被央视誉为飞机零件制造的大国工匠!

毕业后进入上海飞机制造厂，胡双钱参与并见证了中国人在民用航空领域的第一次尝试——运-10飞机的研制和首飞。从那时起，航天梦就在胡双钱的心里扎下了根。他憧憬着有一天，能够看到自己参与制造的中国飞机翱翔蓝天。从业30多年，无论是几米长的大部件，还是连手指都捏不住的小零件，他加工的数十万个零件无一次品!佝偻着腰，侧着头，任由空气中飘浮的铝屑挂在头发上、工服上……几十年如一日，胡双钱用一双手书写着无差错的记录。2017年，我国拥有自主知识产权的大型客机C919试飞在即，胡双钱临危受命——在一个边距只有几毫米的零件夹角上，打出6个丝米精度的小孔!一丝米仅有0.01毫米宽，普通人连肉眼都很难分辨。对胡双钱而言，每打一个孔，都堪称挑战，这是"几乎不可能完成的任务"!一旦失手，这个价值数十万元的零件只能报废，直接影响C919的试飞进度。没有图纸，胡双钱硬是凭借自己的双手和一台传统的铣钻床，顶住压力，成功完成了这项任务!更令人意想不到的是，在那个连机械化都很难保证合格率的年代，这个几乎完全依靠手工制作的零件，竟然一次性通过了质检，直接被送往总装车间安装!中国航天的崛起离不开技术精湛的老将，更需要传承手艺的年轻人!胡双钱不仅拥有一身过硬的本领，还培养出好几拨航天圈里的骨干。他们从老一辈航天人手中接过接力棒，在新时代扛起了飞机制造的重任。一丝不苟，追求极致——正是因为有胡双钱这样的"大国工匠"，才有一架架中国飞机安全起航!他们凭借高超的技艺和精益求精的追求，缔造了一个个享誉世界的

“中国制造”，用航天人的执着坚守，托起了我们的美好生活！

说一说：

（1）他们对自己的工作持怎样的态度？他们又是如何理解自己工作的意义？

（2）他们是如何在工作中践行自己的职业道德和职业精神的？

爱岗敬业是对从业人员工作态度的基本要求，是职业道德和职业精神的基础与核心。只有爱岗敬业，才能忠于职守，认真负责地做好本职工作，进而做到精益求精，勇于创新。

爱岗敬业不能仅仅是一句口号或一个概念，它应当是一种实际行动。当敬业成为一种职业习惯时，我们能够从中学习更多知识，积累更多经验。因此，爱岗敬业就要做到乐业、勤业和精业；爱岗敬业，还应当做到干一行、爱一行、钻一行，这是我们对待工作的正确态度。中职生要成为高素质的劳动者，必须理解爱岗敬业的意义，培养爱一行、干一行、钻一行的积极职业态度，养成干一行、爱一行的职业情感，在实践中培养兴趣爱好，实现自己的人生价值。

作为职业人，在工作中要树立全心全意为人民服务的思想，热情服务、奉献社会，这是职业道德的出发点和落脚点。另外，要忠于职守，热爱本职工作，刻苦钻研职业技能与业务，在职业活动中发挥创造才能。同时，要做到遵纪守法、团结协作、诚实守信，以主人翁精神对待工作。

课后阅读

小故事大道理——不一样的兄弟俩

有两个年轻人在同一家车行工作，两人关系很好，以兄弟相称。他们在这家车行已经做了两年，每天除了修理汽车外什么事也没有。哥哥总不肯闲着，一会儿扫地，一会儿擦玻璃，有时还帮助别人干活儿。弟弟却不这么勤快，没有急活儿的时候他总是懒洋洋地躺着。

一天，车行里来了一位中年主顾，他说汽车出了点毛病，让他们给修理一下。弟弟刚刚吃完饭，正在休息，哪里肯干活。于是，哥哥走了过去，把弟弟手中的抹布接过来，给汽车做了检查。车子没什么大问题，就是很长时间没保养过了，于是他对那位先生说：“您放心地交给我吧，车子明天一定能修好。”

客人听到这话，放心地走了。哥哥一刻不停地忙了起来，他不但修理好了汽车的毛病，还把汽车里里外外擦得一尘不染。这时，躺在一旁的弟弟嘲笑他说："老兄，别太傻了，不该干的活儿也干了，那么勤快有什么用！"

哥哥笑了笑说："反正我也没事做，擦擦车我并没有受损失呀，等明天顾客来取车时看到车子焕然一新，心里一定很高兴。"

第二天，那个顾客来取车了。他看到修好的汽车后非常吃惊，连声感谢修车的哥哥，并对他说："我是一个大公司的董事长，你为我修车的这种勤快、细致、周到的精神，使我深受感动。我认为你是一个优秀的人，你愿意到我的公司去工作吗？"

哥哥的命运从此发生了改变。经过努力，他当上了这个公司的部门经理，而弟弟却仍然在车行里做着他觉得枯燥的工作。

从这个案例中，你解读到哪些职业道德和职业精神？

第五节 主题活动5：职业生涯规划

一、活动背景

在校学生群体中，不少人存在学习兴趣不浓、学习动力不足、人生目标不明确、缺乏职业规划、求职经验和自信心不足等现象。同时，也有一部分同学拥有自己的创意，却缺乏展示自我的平台。在当今这个知识大爆炸、科学技术飞速发展的时代，各行各业对人才素质的要求日益提高。作为一名中职生，如果不能从根本上提升自身的综合素质，并有预见性、科学性地规划自己的学习生涯和职业生涯，就很难跟上时代的步伐。

二、活动目的

（1）帮助广大同学明确学习目标，端正学习态度，增强学习动力，树立并提升职业规划意识。

（2）提升同学们制作自荐书以及参加职场应聘的技巧和能力。

（3）创建一种学校与社会相结合的互动模式，为广大同学提供了解社会、认识职场的机会。

（4）丰富同学们的课余生活，为其提供实践、交流和学习的平台。

三、活动准备

成立组委会等职能部门。

（一）活动部

职责：负责大赛的通知、报名及相关资料的收集与整理；负责大赛所需物品的采购（如遇临时情况，由外事部协调处理）；负责各参赛选手的协调与安排工作，以及大赛各阶段具体时间的规划与落实。

（二）外事部

职责：负责大赛期间场地、桌椅及会议用品等的准备和管理工作，确保相关资源的充足与使用顺畅。

（三）宣传组

职责：负责大赛全程的宣传工作，包括展板的制作与宣传媒体的协调安排，确保赛事宣传覆盖面广、效果显著。

（四）秘书处

职责：负责大赛全程的统计工作及监督比赛过程。

四、活动过程

职业生涯规划策划书

（一）活动主题

传播规划理念，拓展职业空间，成就精彩未来。

（二）参赛对象

全日制在校学生。

（三）赛事安排

本次大赛分为初赛、复赛和决赛三个阶段。

1. 初赛

初赛由各系（或班级）自行组织，并推荐一名优秀选手参加学校复赛。

2. 复赛

文档提交：各系（或班级）需在复赛日期前向招生就业处提交参赛选手的书面参赛作品，包括个人职业生涯规划书、职业生涯人物访谈报告和个人演讲稿。书面文档要求使用A4纸打印，一律为黑白打印，不接受彩色打印，需提交一式三份。其中，职业生涯人物访谈报告的要求如下：选手需结合自身职业规划，选择与职业目标相同或相近的职场人物进行职业生涯访谈。在访谈结束后，需撰写职业生涯人物访谈报告，其内容包括目标职业人物的选择理由、目标职业人物简介、访谈过程概述、访谈问题总结，以及对目标职业的分析和自身职业发展认识的变化。报告应突出选手的访谈心得及其在职业认知方面的思考，字数控制在2500字以内。

比赛内容：选手按照抽签顺序依次进行5分钟以内的自命题演讲，主题为“职业规划与大学生职业能力培养”，以及3分钟以内的职业生涯人物访谈展示。

评分方法：评委根据参赛作品文档、自命题演讲以及职业生涯人物访谈的表现，评选出8名成绩优秀者进入决赛。

参赛地点：校艺术楼活动室。

3. 决赛

决赛由学校统一组织，选手的参赛顺序通过抽签决定。决赛内容包括“职业展望”（含书面文档评审、个人职业规划陈述、即兴演讲）和“职业角色模拟”两个环节。

“职业展望”：书面文档（包括个人职业生涯规划书和职业生涯人物访谈报告）由评委匿名评审，并按照评分标准打分；个人职业规划陈述需通过PPT进行展示，限时3分钟；即兴演讲以“职业规划、大学生职业能力培养、大学生就业形势与就业观念”等相关内容为主题，主题现场抽签决定，限时5分钟。评委根据选手的现场表现进行评分。

“职业角色模拟”环节要求参赛选手围绕“大学生职业能力提升”这一主题，自编一部时长不超过6分钟的短剧。选手需在短剧中扮演其职业规划作品中的目标职业角色，可邀请其他同学或老师联合参演，但总上场人数不得超过5人。短剧表演结束后，选手需用1分钟时间进行自述，对情景模拟的内容进行介绍。此环节总时长为7分钟，评委仅负责评分，不进行提问。

本次大赛总成绩由各环节的加权得分组成，其中书面文档评审成绩占决赛成绩的30%，现场展示成绩占20%，即兴演讲成绩占25%，职业角色情景模拟成绩占25%。

（四）奖励办法

（1）评委会需严格遵循“公平、公正、公开”的原则进行评判。

（2）各阶段比赛由相应的评委会进行评审。

（3）评分采用统一的百分制标准及统一的评分表格。

（4）奖项设置：每位获奖参赛选手将获得由大赛主办方共同加盖公章的获奖证书一本，并可获得相应的奖金或奖品。

（五）参赛要求

（1）参赛选手需服从大赛统一安排，并接受评委的评审结果。

（2）参赛选手不得抄袭他人作品。对于违规选手，将终止其参赛资格或取消其所获奖项。抄袭行为引发的版权纠纷等后果，均由参赛选手自行承担，与主办单位无关。

（六）活动要求

1. 高度重视，加强领导

本次职业生涯规划大赛旨在引导学生树立正确的职业规划意识，为广大学生提供一个交流和学习的重要平台。这不仅是学生认识社会、了解自我的重要契机，也是学生提升职业素养的有效途径。各部门应充分认识活动的重要意义，加强领导与支持。

2. 广泛宣传，营造氛围

各系（班级）应高度重视此次活动的组织与开展，及时成立专门的组织和协调机构，并指派专人负责活动推进工作。要积极进行宣传动员，充分利用多种途径在校内广泛发布活动信息，确保学生及时了解活动动态，鼓励学生踊跃参与。同时，各系（班级）应组织好本系（班级）的初赛工作，为活动的顺利开展奠定基础。

3. 严格要求，密切配合

各系（班级）要密切配合组织单位，发挥优势，加强协调。对于初赛参赛作品，各系（班级）要组织相关教师认真评审和答辩，对有思想、有潜力、质量高的参赛作品进行重点指导。如果整体参赛作品质量较好，经同意后可以适当增加参加复赛的名额。

第六节　主题活动6：在团队中成长，在协作中进步

一、活动背景

在当今这个高速发展的时代，团队协作成为企业经营成功的关键因素之一。一个优秀的团队不仅能够高效地完成任务，还能在共同奋斗的过程中实现成员间的相互成长与提升。靠单打独斗走向成功的时代早已过去。因此，作为中职生，应该尽早构建团队合作的思维，以便更好地走向职业的成功。

二、活动目的

（1）通过一系列团队协作与成长活动，中职生能够提升团队合作能力、沟通技巧以及解决问题的能力，从而促进个人成长与进步。

（2）活动对象：中职生。

（3）活动时间：1天（包括午餐和休息时间）。

（4）活动地点：学校或户外训练场地。

三、活动过程

（一）活动开场（30分钟）

主持人介绍活动的主题和目的。

分组：将参与活动的中职生随机分为若干个小组。

（二）团队建设游戏（60分钟）

活动介绍：以表格形式呈现各小组成员的个人特长和擅长领域。

每个小组根据表格信息自行分工，协商设计一个小组名称，并在表格中填写。

每个小组利用自己的特长和擅长的领域，完成一项指定任务（如搭建一座高塔、解决谜题等）。

（三）团队合作训练（60分钟）

活动介绍：每个小组需要在规定时间内共同完成一项任务，鼓励团队合作与沟通。

任务内容：穿越障碍物、搬运重物、整理信息等（图6-14）。

图6-14　团队合作通关穿越障碍

小组成员需密切配合，分工协作，共同解决问题。

（四）成长分享与学习（30分钟）

活动介绍：每个小组选派一名代表，分享小组在活动中的经验与收获。

代表可以讲述团队合作的重要性、沟通技巧以及如何解决问题等方面的内容。

请扫描二维码观看视频

其他小组成员可提问或分享自己的观点，促进交流与学习。

（五）总结与评比（30分钟）

活动介绍：主持人总结活动中表现优秀的小组和个人，并表彰他们的努力与贡献。

评选标准可以包括团队合作精神、沟通及表达能力、问题解决能力等方面。

鼓励其他小组和个人分享他们在活动中的感受与心得。

（六）活动结束（10分钟）

主持人对活动进行总结并致谢。

分发参与证书，并鼓励中职生在日常生活中继续提升团队合作与解决问题的能力。

活动所需道具：表格和笔；主持人的话筒和演讲台；搭建高塔的材料（如纸杯、纸牌等）；障碍物和重物（如跳箱、绳子、篮球等）。

活动方案表格示例：

活动步骤	活动介绍	所需道具
活动开场	介绍活动主题和目的，并进行分组	表格、笔
团队建设游戏	呈现个人特长和擅长领域表格， 小组设计名称并完成任务	表格、搭建 高塔的材料
团队合作训练	小组共同完成规定任务	障碍物、重物
成长分享与学习	代表分享经验与收获，并进行交流与提问	
总结与评比	主持人总结并评选表现优秀的小组和个人	
活动结束	总结活动、分发参与证书	

通过以上详尽的活动策划，中职生能够在团队合作中提升自身的沟通能力与解决问题的能力，从而促进个人成长与进步。这一系列活动不仅为中职生提供了锻炼团队合作能力的机会，还能够激发他们的创造力和积极参与的精神。

第七节　主题活动7：弘扬工匠精神

一、活动背景

工匠精神的核心在于专注、细致和持久。专注指在工作中全神贯注，不受外界干扰；细致强调对每一个细节都力求完美，不放过任何瑕疵；持久则是持续不断地追求进步，即使面对困难和挑战也不轻言放弃。

工匠精神不仅仅是对工艺的精益求精，更是一种对工作的热爱和对品质的追求。在当今社会，弘扬工匠精神具有重要的意义。弘扬工匠精神是提升国民素质、推动社会进步的重要途径。这种精神能够激励人们在工作和生活中追求卓越，不断提升自我，从而推动社会的进步和发展。我们应该从自身做起，无论是在工作中还是在生活中，都要弘扬工匠精神，追求卓越，为社会的繁荣和发展贡献自己的力量。

二、活动目的

开展弘扬工匠精神的活动，激发中职生对专业技能的热爱和追求，培养他们的动手能力、创新意识和团队合作精神，提升他们的职业素养和综合能力。

三、活动过程

（一）活动前期准备

制定活动方案，明确活动目标和内容。

确定活动时间、地点、参与人员及预算。

分工合作，成立活动策划小组。

（二）主题演讲与分享

邀请行业专家和成功的工匠代表进行主题演讲与分享，向中职生介绍工匠精神的内涵和重要性。

主题演讲和分享能够激发中职生对工匠精神的认同感，并促使其进行深入的思考。

（三）技能竞赛与展示

设计技能竞赛项目，涵盖各专业的实际操作技能，注重考查学生的技能应用能力和创新能力。

准备相应的道具和材料，确保比赛的公平性和安全性。

组建评审团队，对参赛作品进行评分和点评，并组织颁奖仪式以表彰获奖作品。

（四）工坊体验与互动

设置不同主题的工坊，供中职生亲身体验工匠技艺，如木工、电工和焊接工等。

邀请当地工匠传授相关技能，并与中职生进行互动交流。

提供必要的材料和工具，让中职生动手实践，培养其动手能力和创造力。

（五）专题讲座与培训

邀请相关行业专家和企业代表开展专题讲座与培训，帮助学生了解行业动态，提升专业素养（图6-15）。

图6-15 专定指导学生精雕细琢

讲座内容包括如何成为一名优秀的学徒，以及职业发展规划与创新思维的训练等。

通过专题讲座和培训活动，中职生能够提升职业素养和综合能力。

（六）表格应用案例展示

设立表格应用案例展示区域，展示中职生在工作实践中运用表格的创新与实用案例。

邀请中职生自愿提交优秀案例，经筛选后进行展示。

设置互动环节，帮助参观者了解并学习中职生的表格应用经验。

（七）总结与颁奖

在活动结束时，组织总结会议，回顾活动内容与成果，并收集活动的反馈意见。

举行颁奖典礼，表彰在技能竞赛和表格应用案例展示中表现优秀的中职生及其指导教师。

对活动进行总结，为下一次活动提供经验与建议。

活动所需道具：

主题演讲与分享：演讲台、麦克风、投影仪等设备。

技能竞赛与展示：根据不同专业的竞赛项目设置，如木工工具、电工仪器和焊接设备等。

工坊体验与互动：提供不同工种的设备和材料，如木材、电线和焊条等，以便参与者进行实际操作体验。

专题讲座与培训：配备讲座所需的投影仪、音响设备等，以确保培训和讲座顺利进行。

表格应用案例展示：准备展示区域的展板、展示桌，以及辅助展示的笔记本电脑等设备。

以上是基本的活动策划方案，根据实际情况和预算，还可以灵活增加其他内容和道具。活动期间应严格保证安全，确保参与人员得到充分的指导和照顾，以实现预设的活动目标。

第八节　主题活动 8：加强创新创业教育

一、活动背景

随着我国社会主义市场经济的不断发展，创新创业对经济发展的巨大推动作用日益凸显。同时，社会经济的进步对人才素质提出了更高的要求。从我国当前经济发展以及教育改革与发展的现状来看，迫切需要在学生中广泛开展创新创业教育。这既是时代的要求，也是社会发展的必然趋势。目前，各职业学校越来越重视创新创业教育，并积极扶持掌握创新知识的大学生和中职生进行创业。这些学生逐步成为国家基础研究和高科技领域原始创新的主力军，为建设创新型国家提供了有力支持。

二、活动目的

（1）培养学生的创新意识，提升其创新能力，促进其综合素质全面发展。

（2）激发学生勤奋学习、勇于创新、独立创业、奋发成才的主动性和积极性，提升学生的创新能力、创业能力和实践能力，推动学生就业创业活动全面和广泛开展。

（3）培养学生的理性思维能力，营造良好的创业氛围，引导学生以创新精神指导生活，以创业精神丰富生活，从而促进学生全面、健康发展。

（4）帮助学生加深对社会动态的了解，增强其社会适应能力。

三、活动准备

收集与古今创新创业相关的资料。

四、活动过程

活动一：认识创新

创新的含义：以现有的思维模式为起点，提出不同于常规或常人思维的独特见解，利用现有的知识和资源，在特定环境中，基于理想化需求或社会需求，通过改进或创造新的事物、方法、元素、路径或环境，达到一定有益效果的行为（图6-16）。

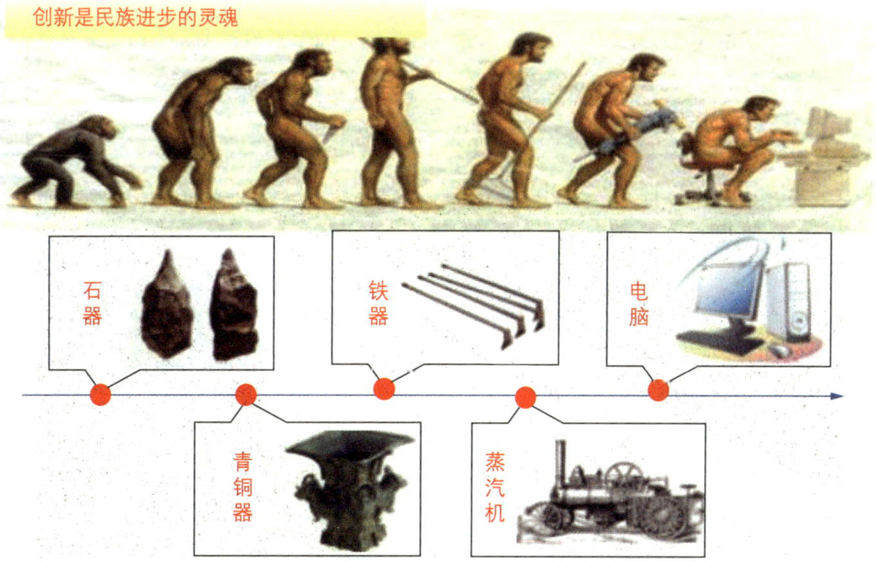

图6-16　生产工具的发展

创新意义：创新是民族进步的灵魂。

创新理念：爱国、交际、协作、文明、健康、创新。

让规范成为自觉行为，让优秀成为良好习惯。这十八个字凝聚了深刻的智慧，是我们终身受益的行为准则。

活动二：名人与创新

中国铁路之父、中国近代工程之父——詹天佑

京张铁路是由詹天佑（图6-17）主持修建并负责的中国第一条铁路。这是中国首条完全不依赖外国资金和人员，由中国人自行设计并投入运营的铁路。这条铁路的建设过程极为艰难。为争夺修路权，英、俄两国争执不下，清政府最终决定自力修筑，但缺乏足够的信心。外国人纷纷嘲讽，认为中国无法完成这项艰巨的工程。面对质疑，詹天佑坚定地说："中国地大物博，而于一路之工，必须借重外人，我以为耻！"他面对外国人的讥讽，以大无畏的气概，率领全体筑路人员，迎难而上，齐心协力，为国家争光。

图6-17　中国铁路之父——詹天佑

如今，全球正掀起一股"高铁热"，中国的高铁从技术引进到技术输出，实现的大跨越已然领跑世界高铁，并作为一张靓丽的名片成功赢得世界目光（图6-18）。

图6-18　时代列车

钱学森助力中国突破封锁创“两弹”奇迹

20世纪50年代末至60年代初，中国正处于严重的困难时期。对于中国的原子能事业而言，那是一个被“卡脖子”的阶段。1959年6月，苏联拒绝向中国提供原子弹教学模型及相关技术资料，并下令撤走全部专家，甚至连一张纸片都没有留下，还讥讽地说：“没有苏联的援助，中国20年也造不出原子弹。”

然而，1964年10月，中国成功进行了第一颗原子弹的爆炸试验，并在原子弹爆炸后的两年零八个月内成功完成了氢弹试验（图6-19）。与法国用8年零6个月、美国用7年零3个月、苏联用4年零3个月的研发时间相比，中国创造了世界上最快的速度。这一成就离不开钱学森的重大贡献。

图6-19　氢弹爆炸场景

回国后，钱学森将他在留美期间通过艰苦探索和潜心研究掌握的空气动力学、固体力学以及火箭、导弹等现代航空航天技术，转化为报效祖国的强大精神动力和重要智力支撑。作为技术领军人物，钱学森在领导新中国“两弹一星”事业的过程中，为我国科技、国防和军队现代化建设做出了卓越贡献，也为中国成为“具有重要国际影响的大国”奠定了坚实基础。正是由于钱学森回国效力，中国导弹和原子弹的研发进程至少提前了20年。

创新，其实就是创造新的价值。创新不是为了与对手竞争，而是为了与明天竞争。真正的创新一定源于使命感。

活动三：我与创新

看看抖音，刷刷微博，关注明星八卦……在中国，娱乐文化日益大众化的今天，这些活动已经成为我们的日常（图6-20）。然而，碎片化时间被浪费，看似无足轻重，却在潜移默化中对我们产生了巨大的影响：削弱了独立思考能力、创新能力以及责任担当意识。

图6-20　常用社交软件

1. 思考

（1）你对创新的理解是什么？

（2）作为中职生，我们可以为创新做些什么？

（3）我们是否可以为了创新而创新？创新是否可以盲目跟风？

（4）创新是否需要知识的积累与沉淀？

（5）在生活和学习中，我们应该如何培养创新能力？

（6）你认为我国要实现强大，是否必须依靠创新？你的看法是什么？请结合当前国内外热点问题谈谈你的感想。

2. 选题

（1）创新改变生活。

（2）创新是民族进步的灵魂。

（3）打破思维定式，激发创新思维。

（4）创新才能超越。

（5）创新意识需在竞争中培养。

（6）创新与道德。

（7）文化自信与传承创新。

3. 小组讨论

（1）要求

控制讨论音量，请勿大声喧哗。

组长负责组织协调，带动所有组员积极参与讨论。

在组内阐述观点，进行思想交流，并最终确定选题。

讨论结束后，各组推选一位同学进行发言。

(2) 注意

明确选题：我代表×组发言，我们的选题是第×个。

阐述理由：我们的理由是……由主持人对讨论进行总结发言。

第九节　主题活动9：打造我的求职名片

一、活动背景

就业问题已并成为全社会关注的重点。中职生需要准确定位自己的知识、技能和能力，以适应社会发展的需求，为地方经济发展提供服务。

新就业形态群体已成为我国当前及未来劳动力市场中不可忽视的重要组成部分。这一趋势不仅反映了劳动力市场的变化，还蕴含着巨大的发展动力和潜力。

2022年，国务院新闻办公室发布的《新时代的中国青年》白皮书提出，新时代中国青年在与互联网的相互塑造中成长。快速兴起的新产业、新业态催生了大量新职业，吸引了大批灵活就业的青年，充分体现了时代赋予青年的更多机遇和更多选择。

二、活动目的

通过本次活动，学生能够能够理解求职的基本方法，掌握求职技巧，并在日常生活中为求职做好准备工作。同时，学生应树立正确的择业观念，增强自信，保持积极的心态。

三、活动准备

结合自身所学专业，建立就业信息库；提升社会交往能力。

四、活动过程

活动一：看一看

前往购物商场观察售货员与顾客、售货员与售货员以及售货员与部门领导之间的交流方式，并思考他们之间的关系（图6-21）。

图6-21 购物商场市场调研

比较这些交流方式和关系与校园中同学与同学、学生与老师之间的交流方式和关系的区别。

在求职之前，我们必须明确角色的转变——从“学生”转变为“职业人”。结合自己所学的专业和目标岗位的特点，尽快融入职业人的角色，为职业生涯奠定良好的基础。我们需要深入分析自己的兴趣、性格、能力、价值观，以及学习情况和行为习惯。这些分析是了解自我的重要过程，其目的是确保职业生涯规划符合个人实际情况。由于不同职业的工作性质、社会责任、工作内容和方式各不相同，其对从业者的素养要求也各不相同。因此，求职者在择业时需要考虑自身在兴趣、性格、能力、行为习惯等方面是否符合职业要求。这些因素同样是用人单位在甄选人才时十分重视的条件。中职生正处于青年阶段，可塑性强，应主动提升自身素养，积极适应职业要求，并为融入社会、服务社会做好充分准备。

求职的有形市场：学校组织的招聘会、行业性就业市场、区域性就业市场等。

求职的无形市场：网络求职、电话求职、招聘广告等。

活动二：想一想

文秘专业的灵灵和美美都性格开朗，爱笑、爱唱、爱跳，是班上的活跃分子。两人关系很好，亲密得像一对亲姐妹。灵灵的英语能力突出，而美美则擅长计算机操作。她们不仅顺利通过了学校规定的职业资格考试，还额外考取了多项专业证书。灵灵担任班上的学习委员，美美则在学生会负责宣传工作。

毕业时，有一家知名度很高的公司到学校招聘。该公司在查看档案后，灵灵和美美未能通过初选。然而，她们不甘心错失这次良机，便鼓起勇气敲响了面试办公室的门。灵灵用英语向人力资源部经理问好，并根据事先对公司的了解，简洁明了地表达了对公司的向往。美美则拿出了多种证书和学生会的宣传工作总结，并在获得允许后展示了自己的歌唱才艺。经理欣赏完她们的表现后，走过来与她们握手，并说道："我代表公司欢迎你们。"

温馨提示：

在求职中，要敢于推销自己，善于展示优势。但推销自己必须以真才实学为基础。只有在学生时代努力学习、不断提升自身能力，才能在推销自己时充满信心，也才有可能获得一份理想的工作。

作为中职生，求职时需要做好充分准备，掌握恰当的求职技巧，并充分展现自己的才能和优势。

1. 讲究面试技巧

面试是通过当面交谈对求职者进行考核的一种方式。面试时应注意行为举止，掌握谈话技巧，推测对方心理，展现自身优势。谈话时需做到口齿清晰、语言流畅、语气平和；表达应含蓄、机智、幽默，并随时关注对方的反应。

2. 善于推销自己

推销自己时，要根据用人单位的具体需求，突出自身的优势。例如，当用人单位招聘技术工人时，与其展示语言才能，不如重点介绍自己的技能特长和实训经历，这样更能打动招聘方。将专业特长与广泛的知识面和丰富的兴趣爱好相结合，往往能够赢得用人单位的青睐。

3. 要扬长避短地推销自己

先了解用人单位看重的是什么，再结合自身情况进行比较，找到自己的长处，并有意识地向用人单位展示。在面试中，与招聘人员进行轻松、愉快的沟通，巧妙地展示自己的特长和优势，是获得成功的重要条件。

4. 多渠道推销

推销包括直接推销和间接推销两种方式。直接推销是指由本人主动向用人单位进行自我介绍，例如，通过现场面试、发送自荐信、投递网络简历等方式。间接推销则是借助他人推荐自己，例如，请学校、老师、父母或亲友协助推荐。

5. 保持积极的心态

中职生在求职过程中不可避免地会遇到困难和挫折。因此，保持积极的心态至关重要。

首先，正视现实与自我，从实际情况出发，妥善处理理想与现实之间的关系。充分认识自我，有助于将主观愿望与客观实际相结合，为求职奠定坚实的心理基础。

其次，敢于参与竞争，并保持积极的竞争心态。竞争能够最大限度地释放和发挥个人潜能，是实现自我价值的有效途径。通过竞争，我们可以不断提升自身能力，为职业发展创造更多机会。

最后，具备面对挫折的勇气。在遭遇挫折时，应采取积极的态度，认真分析失败的原因。人生不可能一帆风顺，意志力往往在失败与挫折中得到磨炼。求职过程中，要勇于面对挑战，坚持不懈。面对挫折时，可以通过自我调适的方法，如自我转化、适度宣泄、放松练习、自我慰藉等，来有效缓解心理压力。通过不断提升自我调适能力，我们能够克服心理障碍，保持一种稳定而积极的心态，从而更好地迎接未来的机会与挑战。

活动三：做一做

小马生活在一个小城市的贫困家庭里，父母双双下岗。他学的是电子电器维修专业，入学后下决心学好技术，毕业后挣钱以缓解家庭困难。小马学习刻苦，常跟在老师后面请教问题。他热心为集体工作，还参加学校成立的“技术坊”，负责一些电器的售后服务及维修。在痴迷电子电器维修的同时，他十分留意“技术坊”的管理，关注家电行业动态。

毕业前夕，一家知名家电企业前来招聘。开会时，音响设备突然出现故障。小马走到前台，仅用几分钟就将故障排除。面试时，小马表现出色，招聘人员当场决定录用他。入职后，小马不仅尽职尽责，还特别留意进货、品种、定价、售后服务等环节。三年后，小马带着自己省吃俭用积攒下来的钱回乡创业。他向银行申请贷款，开办了一家名为“小马家电”的店铺。开张不久，正值国家大力推进家电下乡政策。“小马家电”不仅真诚地为顾客介绍各品牌家电的特色和优势，还为顾客提供细致入微的售后服务。在当地，“小马家电”逐渐赢得良好口碑，顾客络绎不绝。

温馨提示：

机会总是留给有准备的人。学生时代，我们应当培养自己的敏锐力，为未来的就业或创业做好充分准备。

中职生在就业方面具有以下优势：

第一，中职生接受的是与经济社会发展密切相关的职业教育，专业定向明确、具体。他们所学的课程一方面具有专业性，面向特定职业群体，相较于仅接受过基础教育的人更具竞争力；另一方面具有实践性，强调动手操作能力，这一点优于偏重理论学习的大学生等群体。

第二，职业教育强调能力本位。中职生的学习内容针对性强，掌握了一技之长，同时熟悉相关行业的职业道德和职业能力要求。在校期间，他们已经为适应该行业付出了大量努力。因此，基于对行业的熟悉与适应性，中职生在就业时成功的概率会大大提高。

第三，学校组织的社会实践、实训实习等活动以及工学结合的形式，为中职生更广泛地了解企业运作和经营创造了条件。

第四，中职生具有务实的就业观念。

活动四：悟一悟

“宠物时装”设计师张萍在中职毕业后，决定自己开服装店，独立创业。然而，开张后生意却不理想，有时甚至连房租和水电费都无法支付。面对困境，不服输的张萍进行了市场调研，发现养宠物的人越来越多，而专门售卖“宠物时装”的店铺却很少。于是，她购买了大量宠物时装杂志进行学习，并上网查阅相关资料。她首先尝试为自己家养的小狗设计衣服，每次带小狗外出遛弯时，它穿的衣服总能引来路人的赞叹。张萍因此下定决心开设一家“宠物时装”专卖店。经过精心筹备，专卖店开张后销量喜人。随后，她又瞄准了自产自销的模式，创办了一家宠物服装厂，并亲自担任设计师。在喜庆的鞭炮声和鲜花簇拥下，服装厂开业后订单源源不断。

温馨提示：

中职生创业应从自己熟悉的行业入手，善于联想，拓宽思路，注重从“小”做起，充分发挥自身在创业方面的优势。

“三百六十行，行行出状元”，作为新时代的中职生，应紧跟时代发展的步伐，做好求职的准备工作，用智慧、知识和能力擦亮求职的名片，实现自己的职业梦想。

第十节　主题活动 10：轻松应对面试

一、活动背景

企业招聘人才是补充人力资源的基本途径，也是企业发展的重要组成部分。它不仅关系到企业的短期运营需求，而且是企业长远发展的战略举措。通过有效的招聘策略和方式，企业可以吸引和留住优秀人才，从而提升企业的竞争力和市场地位。企业面试不仅是选拔人才的一种方式，也是全面评估应聘者、了解其素质和能力的重要手段，有助于企业找到最适合岗位的人才。

二、活动目的

（1）帮助学生更好地了解就业市场，提升求职技能。

（2）帮助学生提前了解人才市场，为其毕业后的职业选择早做准备。

（3）为企业提供寻找合适人才的机会，通过搭建平台，促进毕业生与用人单位有效对接。

（4）帮助学生实现自我价值，引导学生转变就业观念，正确对待就业、择业和创业。

（5）提升在校学生的应聘和就业技巧，增强学生的心理素质，提高他们的应聘能力和社会竞争力。

三、活动准备

成立组委会职能部门。

（一）活动部

职责：负责大赛通知、报名，收集并整理大赛资料；采购大赛所需物品（如遇临时问题由外事部协调）；负责各参赛选手的协调和安排工作，以及大赛各阶段具体时间的安排。

（二）外事部

职责：负责大赛期间场地、桌椅及其他会议用品等的准备和管理。

（三）宣传组

通过校园网、微信公众号、直播平台、横幅等多种渠道进行宣传，吸引学生积极参与。

（四）培训组

组织简历制作、面试技巧等专题讲座或工作坊，帮助学生提升求职能力。

（五）现场组

负责活动当天的场地布置、秩序维护以及技术支持等工作。

（六）后勤组

负责物资准备、餐饮安排等后勤保障工作。

四、活动过程

校园模拟招聘会活动策划书

（一）活动主题

“轻松面对面试”——2024年校园模拟招聘会。

（二）活动时间与地点

时间：2024年3月15日，8：00至16：00。

地点：1号楼1楼东1、2教室。

（三）活动对象

全校在籍旅游专业三年级学生。

（四）活动内容与流程

1. 前期准备

开幕式（9：00—9：30）：由系主任致辞，介绍活动的意义与流程，随后由企业代表发言。

简历投递区（9：30—11：30）：学生携带个人简历至各企业展位进行投递，并初步了解相关岗位信息。

分组面试（11：30—17：00）：

初次面试：环节包含以下四个部分。

（1）导游讲解（65分）

时间：6～8分钟，7分钟时计时器提醒。不足6分钟的情况下，每少30秒扣2分，不足30秒按30秒计算；超时的情况下，每超出1分钟扣1分。

（2）现场知识问答（5分）

时间：2分钟。每名选手现场抽取一套题，每套题包含两道题，选手需依次作答，每题2.5分，总分5分。

选手的答题时间为2分钟。主持人宣布“答题开始”后开始计时，选手需在答题结束时明确表示“回答完毕”。在规定时间内未作答或超时作答均不得分。

每题答对得2.5分，答错不得分。

（3）文化知识测试（20分）

时间：60分钟。具体评分标准：参赛选手统一进行笔试考核，题型为判断题与选择题，共100题，每题1分，卷面总分为100分，赛项成绩折算总分为20分。

（4）才艺展示（10分）

时间：3分钟，主持人宣布“计时开始”开始计时。不足2分30秒扣1分，超时扣1分。

要求：须独立完成，不允许伴演、助演。

复试面试：针对初次面试表现优异者，以问卷形式对其进行考查，要求选手在规定时间内独立完成。

具体评分细则

选手号：　　　　　　　　　　　　　　　　讲解景点：

<table>
<tr><th>项目</th><th>分项</th><th colspan="2">评分细则</th><th>分值</th><th>实际得分</th><th>小计</th></tr>
<tr><td>第一环节：文化知识测试（20分）</td><td>文化知识测试20分</td><td colspan="2">知识考查题100题，每题1分
（赛项成绩折算总分为20分）</td><td>20分</td><td></td><td></td></tr>
<tr><td rowspan="14">第二环节：导游讲解、现场知识问答（70分）</td><td rowspan="3">礼仪规范10分</td><td colspan="2">仪表：容貌、姿态、着装符合行业标准</td><td>3分</td><td></td><td rowspan="3"></td></tr>
<tr><td colspan="2">仪容：言谈举止得体大方</td><td>4分</td><td></td></tr>
<tr><td colspan="2">气质：体现当代导游人员的风采</td><td>3分</td><td></td></tr>
<tr><td rowspan="8">景点讲解40分</td><td>讲解技能</td><td>讲解声情并茂，通俗易懂，富有感染力、亲和力，符合导游讲解规范</td><td>5分</td><td></td><td rowspan="8"></td></tr>
<tr><td rowspan="4">讲解内容</td><td>正确：地理位置、年代、名字由来、内容无差错</td><td>5分</td><td></td></tr>
<tr><td>切题：导游讲解内容符合景区（点）实际情况</td><td>5分</td><td></td></tr>
<tr><td>重点：突出景区（点）的主要特征</td><td>5分</td><td></td></tr>
<tr><td>完整：系统、完整地介绍景区，但允许选手介绍有所侧重</td><td>5分</td><td></td></tr>
<tr><td rowspan="3">语言表达</td><td>准确：语音、语调、语法、用词正确，表达得体</td><td>5分</td><td></td></tr>
<tr><td>流畅：句子完整、连贯，声调有起伏，语言有美感</td><td>5分</td><td></td></tr>
<tr><td>生动：具有趣味性、幽默感，感染力强</td><td>5分</td><td></td></tr>
<tr><td rowspan="2">语言技巧15分</td><td>语言</td><td>普通话标准、简练、清晰</td><td>5分</td><td></td><td rowspan="2"></td></tr>
<tr><td>技巧</td><td>富有激情、抑扬顿挫（5分）；灵活、生动（5分）</td><td>10分</td><td></td></tr>
<tr><td>现场知识问答5分</td><td colspan="2">回答准确、完整，体现导游工作灵活应变的特点</td><td>5分</td><td></td><td></td></tr>
<tr><td rowspan="4">第三环节：才艺展示（10分）</td><td rowspan="2">表演内容5分</td><td colspan="2">内容健康</td><td>2分</td><td></td><td rowspan="4"></td></tr>
<tr><td colspan="2">充分展示个人特长，有创新</td><td>3分</td><td></td></tr>
<tr><td rowspan="2">表演效果5分</td><td colspan="2">表情自然、活跃，动作运用得当</td><td>3分</td><td></td></tr>
<tr><td colspan="2">能调动现场气氛</td><td>2分</td><td></td></tr>
<tr><td>比赛用时计分</td><td colspan="3">讲解：不足6分钟，每30秒扣2分，不足30秒按30秒计算；超时扣1分。
才艺展示：时间不足2分30秒扣1分，超时扣1分</td><td></td><td></td><td></td></tr>
<tr><td>总得分（100分）</td><td colspan="3"></td><td></td><td></td><td></td></tr>
</table>

成果展示与闭幕式（17：00—18：00）：总结活动亮点，表彰优秀参与者，分享求职心得。

2. 后期反馈

问卷调查：向参与学生及企业发放问卷，收集反馈意见，以便持续改进。

成果汇编：整理活动照片、视频、优秀简历及面试案例，形成活动成果集，供后续参考学习。

五、预期效果

（1）增强学生求职意识，提升学生求职技能。

（2）帮助学生明确职业定位，合理规划职业生涯。

（3）搭建校企交流平台，促进校企合作。

（4）扩大学校影响力，提升毕业生就业质量。

六、组织机构

主办单位：经贸旅游系。

七、风险评估与应对措施

分析可能遇到的风险，如参与人数不足、企业参与度不高、现场秩序混乱等，并提出相应的应对措施。

参考文献

［1］ 秦宣，林建华. 习近平新时代中国特色社会主义思想学生读本［M］. 北京：人民出版社，2021.

［2］ 苏红燕，杨斌. 中国特色社会主义［M］. 北京：开明出版社，2020.

［3］ 商连生. 职业精神与职业素养［M］. 武汉：华中科技大学出版社，2020.

［4］ 刘彦文. 职业的含义、特点及发展趋势［J］. 职业，2008（31）：58-59.

［5］ 姜青. 30年职业变迁五大特点［J］. 职业，2008（34）：78.

［6］ 陈禹，金花子，马婕姝. 中国职业教育的百年发展历程、成就与经验［J］. 吉林省教育学院学报，2022，38（7）：1-8.

［7］ 张捷树. 中职德育课提高实效性的问题与对策［M］. 厦门：厦门大学出版社，2018.

［8］ 周勇. 宿州景观［M］. 合肥：合肥工业大学出版社，2017.

［9］ 张建，刘荣. 中国传统文化［M］. 北京：高等教育出版社，2018.

［10］ 贾先奎，白春香，郝秀文. 中国传统文化概论［M］. 天津：南开大学出版社，2015.

［11］ 苑利，顾军. 非物质文化遗产学［M］. 北京：高等教育出版社，2009.

［12］ 吴浩. 新时代的敬业精神［M］. 北京：中华工商联合出版社，2018.

［13］ 刘兰明，刘若汀. 职业素养［M］. 北京：电子工业出版社，2020.

［14］ 史蒂芬·柯维. 高效能人士的七个习惯［M］. 北京：中国青年出版社，2020.

［15］ 张力杰. 弘扬吃苦精神　争做优秀员工［M］. 北京：中国言实出版社，2012.

［16］李志远，邵小波．让责任成为一种习惯［M］．北京：企业管理出版社，2015．

［17］塞缪尔·斯迈尔斯，文轩，译．品格的力量［M］．北京：中国书籍出版社，2017．

［18］大卫·A．惠顿，金·S．卡梅伦．管理技能开发［M］．北京：清华大学出版社，2010．

［19］陈明华，陈珊．大学生时间管理现状调查及对策［J］．科教文汇（中旬刊），2009（32）：71，111．

［20］吴迎峰．大学生时间管理现状与对策［J］．科协论坛（下半月），2007（4）：309－310．

［21］高寒．体育教学中合作学习教学模式的研究［J］．体育科技文献通报，2006（5）：22－24，15．

［22］尚红．学生合作意识缺乏的原因分析及纠正［J］．河南职业技术师范学院学报（职业教育版），2008（4）：95－96．

［23］王煜炜．中职学生的人际沟通能力培养［J］．河南农业，2014（6）：39，42．